10日で
マスター

Live2Dモデル
メイキング講座 ［増補改訂版］

fumi・著
協力　株式会社 Live2D

技術評論社

本書の内容について

○本書は株式会社 Live2D の「Live2D Cubism Editor ver.5.0」を使用して解説しています。

本書記載の情報は、2023 年 10 月 30 日現在のものになりますので、ご利用時には変更されている場合もあります。

また、ソフトウェアはバージョンアップされる場合があり、本書での説明とは機能内容や画面図などが異なることもあり得ます。本書ご購入の前に必ずソフトウェアのバージョン番号をご確認ください。ソフトウェアは、Windows 版をベースに解説しておりますが、Mac 版でもご利用いただけます。

● 本書中で psd ファイルを使用する場合において、株式会社セルシスの CLIP STUDIO PAINT PRO の使用例があります。Ver.2 で作成しているため、バージョンアップ等で操作手順やインターフェースが変更となることがあります。

● 本書中で VTube Studio、OBS Studio（バージョン 29.1.3）を使用して解説しています。

※ VTube Studio は、Windows、macOS、iPhone、iPad で利用できます。

○本書に記載された内容は、情報の提供のみを目的としています。本書の運用については、必ずお客様自身の責任と判断によって行ってください。これら情報の運用の結果について、技術評論社及び著者はいかなる責任も負いかねます。また、本書内容を超えた個別のトレーニングにあたるものについても、対応できかねます。あらかじめご承知おきください。

Live2D Cubism Editor はご自分でご用意ください

○株式会社 Live2D の Web サイトより、Live2D Cubism Editor のトライアル版（無償・42 日間有効）をダウンロードできます。詳細は、株式会社 Live2D の下記 Web サイトをご覧ください。
https://www.live2d.com/

▶ ファイルのダウンロードについて

○本書で使用しているファイルをダウンロードデータとして配布しています（作例ファイル、サンプルイラスト、モデルデータの詳細、およびダウンロード方法は p.8 を参照のこと）。作例ファイルのご利用には、Live2D Cubism Editor が必要です。また、Ver.5.0 で作成しているため、それ以外のバージョンでは利用できない場合や操作手順が異なることがあります。

○本書で使用した作例の利用は、必ずお客様自身の責任と判断によって行ってください。これらのファイルを使用した結果生じたいかなる直接的・間接的損害も、技術評論社、著者、プログ

ラムの開発者、ファイルの制作に関わったすべての個人と企業は、一切その責任を負いかねます。

○ダウンロードデータは本書をご購入いただいた方のみ、個人的な目的で自由にご利用いただけます。特に次のような場合には訴訟の対象になり得ますのでご注意ください。個人的な目的以外でのご利用はお断りしております。

● パッケージデザインやポスターなどの広告物に使用した場合
● データを使用して、営利目的で印刷・販売を行った場合
● 特定企業のロゴマークや企業理念を表現したキャラクターとして使用した場合
● 特定企業の商品またはサービスを象徴するイメージとして使用した場合
● 公序良俗に反する目的で使用した場合

▶ Live2D Cubism Editor（〜 ver.5.0）の動作に必要なシステム構成　※以降のバージョンでは変更になることがあります。

	Windows	Mac
OS	Windows10、11 （64 ビット版、デスクトップモードのみ）	macOS v11（Big Sur）（※ 1） macOS v12（Monterey）（※ 1） macOS v13（Ventura）（※ 1） macOS v14（Sonoma）（※ 1）
CPU	Intel® Core™ i5-6600 相当かそれ以上の性能 （AMD 製を含む）	Intel® Core™ i5-8500 相当かそれ以上の性能 Apple M シリーズチップ（※ 2）
メモリ	4GB 以上のメモリ	8GB 以上のメモリ（推奨 8GB 以上）
ハードディスク	約 1GB 程度必要	約 1GB 程度必要
GPU	OpenGL3.3 相当かそれ以上（※ 3）	OpenGL3.3 相当かそれ以上（※ 3）
ディスプレイ	1,440 × 900 ピクセル以上、32bit カラー以上 （推奨 1,920 × 1080 ピクセル）	1,440 × 900 ピクセル以上、32bit カラー以上 （推奨 1,920 × 1080 ピクセル）
入力対応フォーマット	PSD、PNG、WAV	PSD、PNG、WAV
出力対応フォーマット	PNG、JPEG、GIF、MP4、MOV	PNG、JPEG、GIF、MP4、MOV
インターネット接続環境	ライセンス認証が必要なため必須	ライセンス認証が必要なため必須

※ 1　macOS のみ幅 4096 ピクセル、高さ 2304 ピクセルのいずれかを超えた場合、動画書き出しを行うことができません。
※ 2　Apple M シリーズチップを搭載した機種の場合は Apple M シリーズ対応 Cubism Editor をインストールする必要があります。
　　　Intel 版 Cubism Editor をインストールした際、Rosetta 2 上での動作となります。
※ 3　オンボードの GPU (Intel HD Graphics など) では正常に動作しない可能性があります。
※ macOS に一部のソフトウェアがインストールされている場合、Cubism 4 Editor が正常に動作しない場合があります。詳細はこちら。
※ PSD 作成時は、以下の描画ツールを推奨しております。Photoshop（Adobe）、CLIP STUDIO PAINT（株式会社セルシス）
　　詳細は、株式会社 Live2D の Web サイトをご覧ください。

は じ め に

はじめまして、fumi と申します。
2019 年にこちらの本を執筆し、版を重ねてこの度［増補改訂版］の出版となりました。
本当にありがとうございます。

初版から 4 年経ちますが、VTuber の人気、Live2D の需要は増えていく一方です。
「Live2D モデラーになって VTuber の業界に関わりたい！」「Live2D で稼げるようになりたい！」と思う方も年々増えています。

そこで、まずはこの本で基礎、Live2D とはこういうものなのかという「初心者向け」のわかりやすさ、モデリングのしやすさを学んでいただければと思います。
この本でぜひ Live2D を触れてみて、自分のイラストを動かしてみる楽しさや VTuber のパパ（担当モデラー）になる喜びにつなげていただけたら幸いです。

Live2D Cubism Editor 自体もバージョンアップによって、昔に比べて非常にツールが便利になりました。
内容の改訂に伴い、そういった便利になった部分、自動化を使った時短方法や最新のトレンドに寄せた作り方も解説しています。

また、YouTube にも講座などが増えておりますが、本の最後では 1 枚のイラストから作るアニメーションについて学ぶことができます。VTuber のモデリング以外にも Live2D の使い方や表現の仕方はたくさんありますので、ぜひ勉強してみてください。

2023 年 10 月　fumi

Live2D でできること

「イラストに命を吹き込む夢のツール」それが Live2D（Live2D Cubism）です。
Live2D の可能性やツールとしての魅力をまとめました。
本書を通して表現の楽しみを見つけてください。

2D イラストを自由に動かせる

2D イラストを立体的に動かせるのが、Live2D モデルの魅力です。Live2D モデルの制作に使用するツールが「Live2D Cubism」です。Live2D Cubism には「Editor」と「Viewer」があり、Live2D モデルの制作には主に「Editor」を使用します。

どのように 2D イラストを立体的に動かしていくかというと、要はイラストの各部位を変形させたり、部位の入れ替えを行うことで立体的に見せていきます。

立体的な 3D と比較したときに、3D は 2D イラストのデザインを元にモデルを起こすのに対して、Live2D Cubism を使った制作では 2D イラストをそのまま素材として扱えます。そのため、そのイラストならではの魅力を活かしながら立体的に自由に動かすことができます。

Live2D Cubism で制作したモデルやアニメーションは、ゲームやアプリケーションへの組み込みはもちろん、CM や PV 動画など幅広い用途での活用が広がっています。

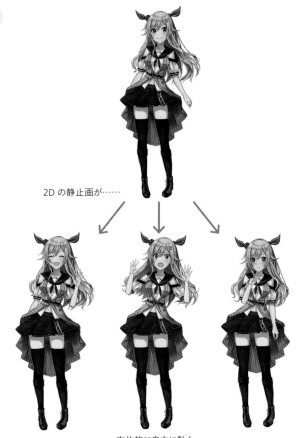

2D の静止画が……

立体的に自由に動く

モデルの作成（モデリング）

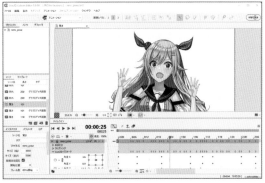

アニメーション作成

誰でも VTuber になれる

SNS などの普及で自己発信がしやすい時代になりました。そんな中、YouTube などの動画共有サービスを中心に活動する動画配信者（YouTuber）が人気を博しています。

YouTuber は顔出しをした生身の配信者が主流ですが、近年は自分の分身となる「アバター」を使った配信者も増えてきました。それがバーチャル YouTuber（VTuber）です。

Live2D Cubism で制作したモデルは、元のイラストのイメージを崩すことなく配信者のアバターにできることから、広く使われています。

今後のさらなる通信技術の発達で、「誰しも配信することが当たり前」になる世の中がくるかもしれません。Live2D Cubism は、そんな世の中を力強くサポートしてくれるツールとなるでしょう。

自分の表情や動きに合わせてイラストが動く

究極のイラスト表現ができるツール

体の部位ごとにきちんと分かれてさえいれば、どんなイラストでも動かせるのが Live2D Cubism です。背景を含めた静止画イラストが動いて命が吹き込まれる様は、イラストレーターにとっては夢のようではないでしょうか。今までのイラストレーターは「一枚絵を描くことができる人」でしたが、今後は「イラストを動かす」マルチなイラストレーターも増えてくるかもしれません。

また、2D アニメーションの分野での活躍が期待できるツールでもあります。近年では、2D アニメにスポット的に 3D を使うことが増えてきましたが、3D の技術が発達してきたとはいえ、どうしても違和感を拭い去ることができないのが実情です。Live2D はそのような問題を解決する可能性を秘めています。

背景も含めたイラストが動く

本書の使い方

本書の構成は、Day1 〜 10 に分かれています。実際に Live2D Cubism Editor を操作しながら読み進めることで、10 日間で Live2D Cubism Editor の基本から応用までを学べる内容となっています。

Day1 〜 7 ……………インターネット配信を想定した Live2D モデルを作成します。初心者にオススメの正面を向いた左右対称のモデルです。また、Day7 の COLUMN では、インターネット配信の方法を解説します。

Day8 〜 9 ……………ポーズつきの Live2D モデル＆アニメーションを作成します。手を振る動きをメインに解説し、それ以外にシチュエーションごとの動きのコツを紹介します。

Day10 ………………背景つきイラストのモデル＆アニメーションを作成します。静止画の一枚絵に命を吹き込むテクニックを解説します。

本書の見方

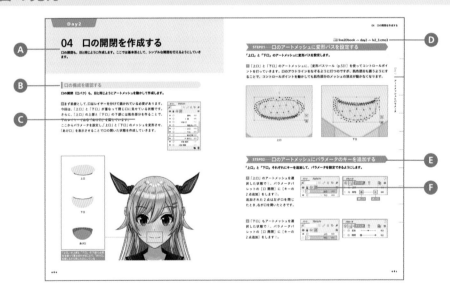

Ⓐ 節
各 Day はいくつかの節に分かれています。

Ⓑ 見出し
節全体に関わる考え方や機能の解説を行います。

Ⓒ 見出しの解説
文章と図による解説です。

Ⓓ 作例ファイル名
STEP による解説で使う作例ファイルの名前です。開いて確認しましょう（ファイルの利用方法については、p.8 を参照ください）

Ⓔ STEP
メイキングによる解説を行います。

Ⓕ STEP 解説
文章と図による解説です。解説の頭に手順番号が振られています。文章内の数字と図の数字が対応しています。

G COLUMN

Day 内で解説したことに関連して、応用テクニックや知っておきたい知識を記載しています。

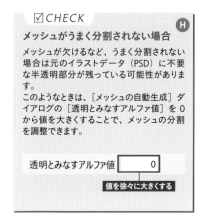

H CHECK

Live2D Cubism Editor に関する、役立つテクニックや小技、知っておくと便利なマメ知識を記載しています。

I memo

Live2D に関すること以外の、役立つテクニックや小技、知っておくと便利なマメ知識を記載しています。

Windows 版と macOS 版のキー表記の違い

キーボードのキーは Ctrl や Z のように書かれています。本書は Windows 版で解説しており、macOS 版の場合、キーの表記を下記に置き換えて読み進めてください。

Windows	macOS
Ctrl	command
Alt	option

ダウンロードファイルについて

本書で掲載、解説を行った作例ファイルは、小社 Web サイトの本書専用ページよりダウンロードできます。ダウンロードの際は、記載の ID とパスワードを入力してください。ID とパスワードは半角の英数字で正確に入力してください。

ファイルのダウンロード方法

1 Web ブラウザを起動して、下記の本書 Web サイトにアクセスします。

https://gihyo.jp/book/2023/978-4-297-13841-7

2 Web サイトが表示されたら、［本書のサポートページ］のボタンをクリックしてください。

3 作例データのダウンロード用ページが表示されます。下記 ID とパスワードを入力して［ダウンロード］ボタンをクリックしてください。

アクセス ID　Live2D_making2
パスワード　op2SDPR4

4 ブラウザによって確認ダイアログが表示されますので、［保存］をクリックすると、ダウンロードが開始されます。macOS の場合には、ダウンロードされたファイルは、自動解凍されて「ダウンロード」フォルダに保存されます。

5 ダウンロードフォルダに保存された ZIP ファイルを右クリックして、［すべて展開］をクリックすると、展開されて元のフォルダになります。

ダウンロードの注意点

・ファイル容量が大きいため、ダウンロードには時間がかかります。ブラウザが止まったように見えてもしばらくお待ちください。

・インターネットの通信状況によってうまくダウンロードできないことがあります。その場合はしばらく時間を置いてからお試しください。

・ご使用になる OS や Web ブラウザによって、操作が異なることがあります。

・macOS で、自動解凍しない場合には、ダブルクリックで展開することができます。

ダウンロードファイルの内容

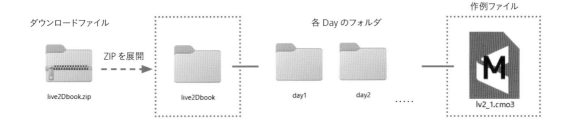

ダウンロードファイル　　　　　　　　　　　　　　　　　　各 Day のフォルダ　　　　　　　　作例ファイル

ZIP を展開

live2Dbook.zip　　　　　　　live2Dbook　　　　　　day1　　day2　　.....　　lv2_1.cmo3

· ダウンロードした ZIP ファイルを展開すると、Day ごとのフォルダが現れます。

· day フォルダを開くと、そこで使う作例ファイルが格納されています。

· 本書中に利用するフォルダとファイル名が記載されています。

·「Finish」フォルダには、Day1 ～ 7 で作成する「インターネット配信用モデル」「インターネット配信用モデル 2」、Day8 ～ Day9 で作成する「ポーズつきモデル＆アニメーション」、Day10 で作成する「背景つきイラストモデル＆アニメーション」の最終データが格納されています。

·「voice」フォルダには、35 種類のボイスデータが .wav 形式で格納されています。

ダウンロードファイルの使い方

１ .cmo3（Live2D モデルデータ形式）ファイル

Live2D Cubism Editor のモデリングワークスペースでご利用ください。

※使用ファイルが見つからず、ファイルの置き換えを要求される場合があります。その場合は、該当のファイルを指定してください。

２ .can3（Live2D アニメーションデータ形式）ファイル

Live2D Cubism Editor のアニメーションワークスペースでご利用ください。

※使用ファイルが見つからず、ファイルの置き替えを要求される場合があります。その場合は、該当のファイルを指定してください。

３ .psd（Adobe Photoshop 形式）ファイル

CLIP STUDIO PAINT（Pro/EX）や Adobe Photoshop でご利用ください。

４ .mp4（MP4 形式）ファイル

Windows Media Player や QuickTime などのメディアプレーヤーでご利用ください。なお、PC の環境によっては、インストールされているコーデックの関係でご利用いただけない場合があります。

５ .wav（WAV 形式）ファイル

Live2D Cubism Editor のほか、さまざまな用途でご利用いただけるボイスデータです。

６ VTube Studio アバターフォルダ

VTube Studio でご利用できるファイルの一式が格納されています。詳しいご利用方法は、p.179 ～ p.195 を参照ください。

ファイル利用の注意点

ファイル利用の前に同封されている「ファイルご使用の前にお読みください .txt」ファイルを必ずお読みください。

Index

配信用モデル
作成の準備

Day1 〜 7 で「インターネット配信用の Live2D モデル」を作成します。
初日は Live2D Cubism をインストールし、モデリング作業ができるように準備を
しましょう。
COLUMN では、Live2D Cubism で使う素材イラスト作成のコツを紹介していま
す。

この日にできること

- ☑ Live2D Cubism Editor のインストールと起動
- ☑ モデリングワークスペースの概要を知る
- ☑ 素材イラストの読み込み
- ☑ 編集可能な Live2D モデルデータファイル（.cmo3）での保存
- ☑ CLIP STUDIO PAINT を使った素材イラストの作成

01 Live2D Cubism の インストールと起動

Live2D Cubism Editor を使うためには、PC へのインストールが必要です。
ここでは、Windows PC へのインストールと Live2D Cubism の起動方法を解説します。

STEP01……Live2D Cubism のダウンロード

1 Live2D Cubism の 公式 サイト
（https://www.live2d.com/）に アク
セスし、Live2D Cubism をダウンロー
ドします。トップページの［トライアル
版(無料)をダウンロードする］をクリッ
クします。

トップページ

2 表示された「Live2D Cubism Editor
ダウンロード」のページが表示されま
した。ここでは、Windows 版をダウン
ロードするので、「Windows」が選
択されていることを確認します①。「使
用許諾契約」および「プライバシーポ
リシー」を確認した上で同意し②、「初
めてダウンロードする」にチェックを
入れます③。Live2D Cubism を個人
的に使用する場合は「個人の方」、企
業で使用する場合は「法人の方」に
チェックを入れ④、メールアドレスを
入力します⑤。すると、Live2D の最
新リリース版がダウンロードできるよ
うになります⑥。

「Live2D Cubism Editor ダウンロード」ページ

✎MEMO

トライアル期限

Live2D Cubism Editor PRO のトライアル期限は「42 日間」です。期限が過ぎると、機能の制限された
FREE 版へと自動的に移行します。引き続き PRO 版の機能を使いたい場合は、ライセンスを購入する必要があ
ります。ライセンスには、単月プラン、年間プラン、3 年間プランがあります。

STEP02……Live2D Cubism のインストール

1 ダウンロードした Live2D Cubism のインストーラーをダブルクリックして起動します。
インストールに使用する言語を選択します。

インストーラー

ダブルクリック

2 セットアップウィザードが表示されるので、画面の指示にしたがって進んでいきます。

✎MEMO
インストール時の警告
Windows の場合、インストール時に「このアプリがデバイスに変更を加えることを許可しますか?」と表示されることがありますが、[はい] をクリックして問題ありません。

セットアップウィザード

3 インストールが完了したら、デスクトップの Live2D Cubism Editor 5.0 のアイコンをダブルクリック、もしくはスタートメニューから Live2D Cubism Editor 5.0 を選択して、Live2D Cubism Editor を起動します。

ダブルクリック

デスクトップアイコン

クリック

スタートメニュー

4 右 図 は Live2D Cubism Editor 起動直後の画面です。

配信用モデル作成の準備 Day 1

02　モデリングワークスペースを知る

Live2D Cubism Editor でまず行う作業は、素材イラストを読み込んで、動きの範囲を設定することです。
この作業を「モデリング」といいます。
ここでは、モデリングで使う機能の概要説明と、実際に素材イラストを読み込んで、編集可能な Live2D
モデルデータファイル（.cmo3）で保存するまでを行います。

モデリングワークスペースの画面インターフェース

Live2D Cubism Editor を起動すると、モデリング作業を行う「モデリングワークスペース」が表示されています。

下図は、モデリングワークスペースのデフォルト画面です。まずは、このワークスペースの画面でできることを確認していきましょう。

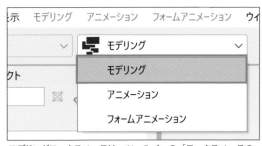

モデリングワークスペースは、ツールバーの［ワークスペースの切り替え］が［Model］となっている。

① メニュー　　② ツールバー

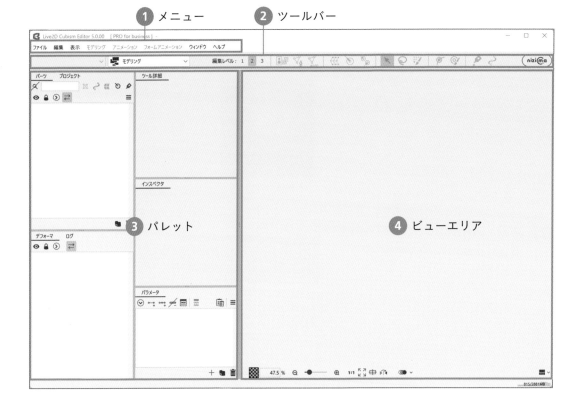

❶メニュー（詳細は、p.17）　　❷ツールバー（詳細は、p.18）　　❸パレット（詳細は、p.19）
❹ビューエリア（詳細は、p.20）

メニュー

メニューには、Live2D Cubism Editor のさまざまな操作が「ファイル」「編集」「表示」などの項目ごとに用意されています。

①ファイル　②編集　③表示　④モデリング　⑤アニメーション　⑥フォームアニメーション　⑦ウィンドウ　⑧ヘルプ

❶ファイル
ファイル操作に関するメニューです。ファイルの保存や、動画やゲームで使う形式での書き出し、Live2D Cubism Editor の設定の変更といった操作があります。

❷編集
一般的な編集作業に関するメニューです。アートメッシュ（p.36）やデフォーマ（p.78）といったオブジェクト（p.52）のコピーや貼り付け、作業を元に戻す、やり直すといった操作があります。

❸表示
画面表示に関するメニューです。グリッドやガイドの表示、モデル表示方式や表示品質の設定があります。

❹モデリング
モデリング操作に関するメニューです。モデリング作業をサポートするさまざまな操作があります。

❺アニメーション
アニメーション操作に関するメニューです。作成したモデルをアニメーションさせるためのさまざまな操作があります。
※アニメーションワークスペース（p.210）でシーンやタイムラインの編集中にのみ選択できます。

❻フォームアニメーション
フォームアニメーション（p.242）に関するメニューです。
※フォームアニメーションワークスペースでモデリングおよびアニメーション操作中にのみ選択できます。

❼ウィンドウ
ウィンドウ表示に関するメニューです。パレットの表示・非表示やワークスペースの切り替えができます。

❽ヘルプ
Live2D Cubism Editor での操作を手助けするためのメニューです。操作マニュアルや動画チュートリアルなどが見れます。

☑CHECK

メッシュ編集モード

メッシュ編集モードは、ツールバーの［メッシュの手動編集(p37)]使用中のモードです。［メッシュ編集モード］メニューが表示され、アートメッシュの反転や矢印の選択、頂点の追加といった、アートメッシュに関する操作を選択できます。アートメッシュに関しては、p.36で詳しく解説します。

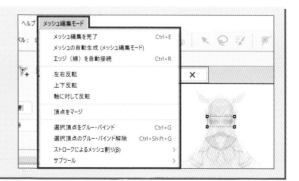

ツールバー

ツールバーには、モデリングで使用するさまざまなツール機能が用意されています。

❶モデルのターゲットバージョン切り替え

モデルのターゲットバージョンを選択します。モデル完成後の用途に応じて、最新バージョンの機能を使いたい場合と旧バージョンと同じ機能を使いたい場合とで SDK（p.24）と Live2D Cubism Editor のバージョンが合ったものを選択します。

デフォルトでは［SDK5.0/Cubism5.0］が選択されています。

moc3 ファイル（p.167）などは書き出さず、映像として動画の書き出しのみを想定している場合は［SDK 不可 /Cubism 最新版］がオススメです（Live2D Cubism Editor のすべての機能が使えます）。

❷ワークスペース切り替え

ワークスペースを切り替えます。

❸編集レベル切り替え

変形パスやワープデフォーマでの編集方法を3 段階で切り替えられます。数値が小さいほど細かい編集が可能です。

❹テクスチャアトラス編集

SDK 用 moc3 ファイルを書き出す際に、テクスチャアトラス（p.164）の編集を行います。

❺メッシュの手動編集

アートメッシュの形状だけを編集できます。

❻メッシュの自動生成

表示されたダイアログの設定に則って、自動でアートメッシュを作成できます。

❼ワープデフォーマの作成

ワープデフォーマ（p.78）を作成します。

❽回転デフォーマの作成

回転デフォーマ（p.106）を作成します。

❾回転デフォーマ作成ツール

ビュー上でドラッグしながら回転デフォーマを作成できます。

❿矢印ツール

オブジェクトの選択や編集に使います。

⓫投げ縄選択ツール

オブジェクトをドラッグで囲むことで選択ができます。

⓬ブラシ選択ツール

ブラシで濃淡をつけるように影響範囲を変えて選択できます。

⓭変形パスツール

アートメッシュにコントロールポイントを設定することで、まとめて頂点を移動できます。

⓮変形ブラシツール

アートメッシュやアートパス、ワープデフォーマなどをブラシで直感的に編集できます。［変形ブラシ］［ワープデフォーマの整形ブラシ］があります（p.169）。

⓯グルーツール

グルー（p.202）により 2 つのアートメッシュの頂点同士を吸着できます。 ただし、3 つ同時に使用することはできません。

⓰アートパスツール

アートパスの新規作成や編集ができます。モデルのターゲットバージョンが［SDK 不可 /Cubism 最新版］のときにしか使えません。

⓱ nizima リンク

Live2D 公式の Live2D モデル＆イラスト素材マーケット「nizima」へのリンクです。

パレット

アートメッシュやデフォーマといったオブジェクトの管理やツールの詳細設定などの用途ごとにパレットが用意されています。モデリング作業中に使うパレットは次の7つです。

❶パーツ

パーツ（p.98）、デフォーマ、アートメッシュなどを管理するパレットです。

❷プロジェクト

開いているプロジェクトを管理するパレットです。

❸デフォーマ

デフォーマが一覧で表示され、親子関係（p.81）を管理するパレットです。

❹ログ

Live2D Cubism Editor上で発生した処理のログが表示されるパレットです。

❺ツール詳細

選択しているツールごとに詳細項目が表示され、各種設定ができるパレットです。

❻インスペクタ

アートメッシュやデフォーマなどの設定ができるパレットです。

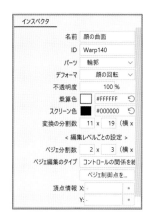

❼パラメータ

アートメッシュやデフォーマなどの変形度合いを数値に結びつけた「パラメータ（p.52）」を管理するパレットです。

☑CHECK

パレットのタブ

デフォルトの状態では、パーツとプロジェクトパレット、デフォーマとログパレットはタブで切り替えができるようになっています。

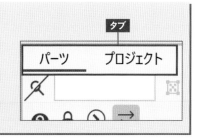

ビューエリア

ビューエリアは、Live2D Cubism Editor で作成中のモデルが表示されるエリアです。ワークスペースごとに「モデリングビュー」「アニメーションビュー」「フォームアニメーションビュー」があります。ここでは、モデリングワークスペースの「モデリングビュー」を見ていきます。

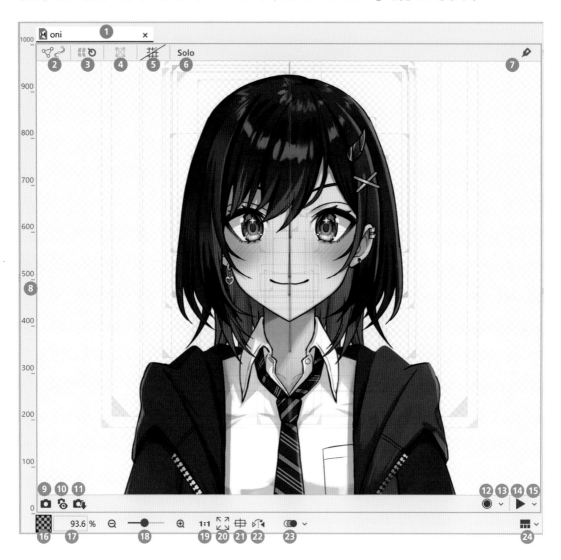

❶タブ

タブにはモデルファイル名が表示されます。複数作成することができ、各パラメータは選択しているタブ毎に現在値を持っています。タブ上を右クリックすると、タブメニューを開けます。メニューで行える操作は、［タブを複製］［タブを閉じる］［このタブ以外を閉じる］［すべてを閉じる］［エクスプローラで開く］です。

❷描画オブジェクトのロック

「アートメッシュ」「アートパス」「変形パス」をビュー上でロックできます。

❸デフォーマのロック

「ワープデフォーマ」「回転デフォーマ」といったデフォーマをビュー上でロックできます。

❹描画オブジェクトの表示／非表示

「アートメッシュ」「アートパス」「変形パス」の表示／非表示を切り替えます。

❺**グリッドの表示／非表示**

グリッドの表示／非表示を切り替えます。

❻**Solo 表示機能**

選択した「アートメッシュ」や「デフォーマ」だけを表示できます。モデリング中の動きの確認など、使う場面の多い機能です。

表示させたいものだけを選択

Solo 表示状態

❼**グルー状態のオン／オフ切り替え**

グルー（p.202）で連結（バインド）されている状態を一時的に解除したり、連結し直したりすることで、グルーの状態を確認できます。

❽**アートメッシュの描画順スライダー**

選択している「アートメッシュ」や「アートパス」の描画順を確認できます。数値が高いものほど手前にあるオブジェクトです。スライダーで描画順の変更を行うこともできます。

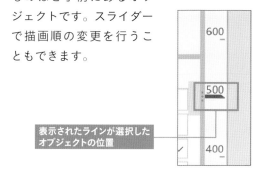

表示されたラインが選択したオブジェクトの位置

❾**スナップショット**

現在地点のキーフォームの画像を 1 つだけ半透明で記憶できます。

❿**スナップショットの表示／非表示**

記憶したスナップショットの表示／非表示を切り替えます。

⓫**スナップショットの保存**

スナップショットをパーツパレットに画像として保存できます。

⓬**録画ボタン**

ボタンを押すと、ビューエリアの右下に「Recording…」と表示され、その間に動かしたパラメータがキーフレームとして保存されます（ランダムポーズを実行したときのモーションもキーフレームとして保存できます）。

⓭**録画設定**

録画時のアニメーション、モーションの作成方法を設定できます。

⓮**ランダムポーズ**

設定したパラメータをランダムに動かしてポーズをとらせます。動きの確認やアニメーションをつける上で参考にできます。

⓯**ランダムポーズメニュー**

ポーズのパターンを 3 種類から選べます。設定で動かすパラメータを選ぶこともできます。

⓰**背景色の変更**

ビューエリアの背景色や不透明度を変更、調整できます。

⓱**表示倍率の数値制御**

数値入力での指定と左右のドラッグによる表示の拡大・縮小ができます。

⓲**拡縮スライダー**

スライダーで表示の拡大・縮小ができます。倍率は「2」〜「3200」までを調整できます。両脇の 🔍➖ 🔍➕ アイコンをクリックすると段階的に拡大・縮小ができます。

⓳**原寸表示**

PSD インポート時の原寸で表示できます。

⓴**全体表示**

ビューエリアに全体が収まるように表示できます。

㉑**フォーカス表示**

選択したオブジェクトをビューの中央に表示できます。

㉒**反転**

ビューエリアを左右反転して表示できます。

㉓**オニオンスキン**

オニオンスキン（p.56、p.222）の ON ／ OFF を切り替えます。

㉔**マルチビュー設定**

表示の分割方法を選択できます。

インターフェースの色変更

画面インターフェースの色を「ダーク」と「ライト」の2種類のモードから選択できます。
変更は、[ファイル]メニュー→[環境設定]で行います①。[環境設定]画面の[全般]タブ→[カラーテーマ]で「ライト」か「ダーク」を選択し②、[OK]ボタンをクリックします③。
変更はLive2D Cubism Editorの再起動後に反映されます。

④がライトテーマ、⑤がダークテーマです。作業のしやすいほうを選択しましょう。

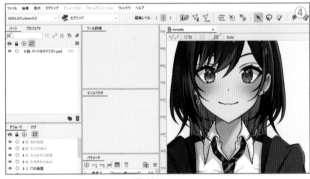

ライトテーマ

✓CHECK

HiDPI ディスプレイ対応

Live2D Cubism Editor ver. 5.0 から高画素密度（HiDPI）ディスプレイでの表示に対応しました。各OSのディスプレイ設定に応じて、画面インターフェースがぼやけることなく自動で拡大縮小されます。

ダークテーマ

カスタムワークスペースの作成

カスタムワークスペースは自身の作業の状況に応じて画面レイアウトを自由に変更し、それを保存しておける機能です。例として、デュアルディスプレイ（PC ディスプレイが 2 枚ある）で、メインディスプレイにモデリングウィンドウを配置①、サブディスプレイにツールウィンドウなどを配置②している場合のワークスペースを保存してみます。

メインディスプレイ

サブディスプレイ

［ウィンドウ］メニュー→［ワークスペース］→［ワークスペース設定］を選択します③。
［ワークスペース設定］ダイアログが開くので、［追加］ボタンをクリックし、作成するワークスペースの名前を入力します④。［OK］ボタンをクリックすると、ワークスペースが作成されます⑤。
［ウィンドウ］メニュー→［ワークスペース］からワークスペースの切り替えができます⑥。選択中のワークスペースで画面レイアウトを変更すると自動で保存されます。元のワークスペースへ戻したい場合は「モデリング」などのデフォルトで用意されているものを選択すれば OK です⑦。

☑CHECK

レイアウトのリセット

［ウィンドウ］メニュー→［ワークスペース］→［現在のレイアウトをリセット］を実行すると、ワークスペースを作成した時点の画面レイアウトに戻せます。

現在のレイアウトをリセット

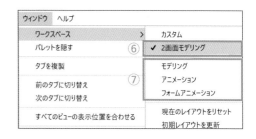

✐MEMO

デュアルディスプレイのメリット

今回のような画面レイアウトにすると、余計なウィンドウをサブモニターへ移動させることができるため、モデリング画面を大きくし、細かい作業や作業自体に集中ができるメリットがあります。

03 モデリングの準備

実際に「インターネット配信用の Live2D モデル」を作成しながら、Live2D Cubism Editor でのモデリング作業を行っていきます。
大まかな作業全体の流れを確認したところで、手始めに、素材イラストの読み込みと Live2D モデルデータでの保存をしてみましょう。

配信用モデル作成の流れ

右図は、Live2D Cubism Editor でモデルを作成し、インターネット配信ができるようになるまでの大まかな流れです。

Live2D Cubism Editor での作業の大きなウェイトを占めるのが、モデリングワークスペースで行う「モデリング」作業です。この作業はどのような場合においても必ず行います。

そして、モデリングが完了したら、組み込むアプリケーション（本書は VTube Studio）に適した SDK のバージョンでファイルを書き出す必要があります。

CLIP STUDIO PAINT や Photoshop などのペイントソフト
イラストを用意する

CLIP STUDIO PAINT や Photoshop などのペイントソフト
イラストを Live2D 用に加工する

Live2D Cubism Editor モデリングワークスペース
モデリングをする

Live2D Cubism Editor 上での作業

Live2D Cubism Editor モデリングワークスペース
組み込み用ファイルとして書き出す

VTube Studio
作成した配信用モデルを VTube Studio に読み込み、トラッキングの調整をする

配信用アプリケーション（本書では OBS Studio を使用）
配信用アプリケーションを準備する

✐ MEMO

SDK（Software Development Kit）

アプリケーション開発に必要なプログラムや技術文書のまとまりです。アプリケーションごとに使用している SDK は異なり、対応している Live2D の機能もさまざまです。そのため、組み込み先のアプリケーションの SDK に合わせてモデリングやアニメーションの作成をする必要があります。

※ Live2D Cubism Editor で使うイラストの作成方法は p.27、VTube Studio、OBS Studio を使った配信方法は、p.179、p.190、p.195 の COLUMN で解説しています。

📁 live2Dbook → day1 → lv1_1.cmo3

STEP01……素材ファイルを読み込む

完成イラストを Live2D Cubism Editor に読み込みます。

1 Live2D Cubism Editor を起動したら、完成イラストの PSD 形式ファイル（.psd）をドラッグ＆ドロップして読み込みます。すると、下図のようにイラストがビューエリア（p.20）に表示されます。

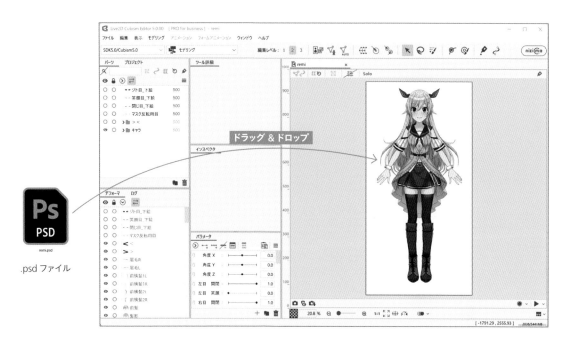

.psd ファイル

ドラッグ ＆ ドロップ

2 パーツパレット（p.19）の表示は、PSD ファイルと同じレイヤー構造になります。

CLIP STUDIO PAINT のレイヤーパレット

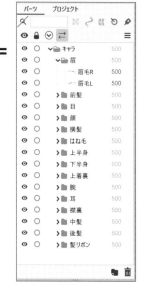

Live2D Cubism Editor のパーツパレット

☑CHECK

イラストは PSD 形式で保存

Live2D Cubism Editor に読み込むファイルの形式は、最終的に PSD 形式（Adobe Photoshop 形式）で保存する必要があります。
ペイントソフトは CLIP STUDIO PAINT と Adobe Photoshop をサポートしています。本書では「CLIP STUDIO PAINT」を使っています。描き方のコツは p.27 のコラムで解説しています。

いったん、Live2D Cubism Editor で扱えるモデルデータファイルとして保存しておきましょう。

■ ［ファイル］メニュー→［保存］を選択します①。
はじめて保存をする場合は、保存ダイアログが表示されるので、保存先のフォルダ②とファイル名③を決めて、［保存］ボタンをクリックします④。

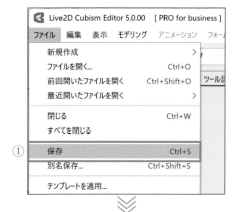

② 保存先の指定

③ ファイル名の入力

④ クリック

※ここでは、デスクトップ上に「Live2D 作業フォルダ」を作成し、「remi.cmo3」というファイル名で保存

② 指定したフォルダに、Live2D Cubism Editor で扱えるモデルデータファイル（.cmo3）が保存されました。次からは、素材イラストの PSD ファイルではなく、このファイルを Live2D Cubism Editor 上に読み込むことで、保存した時点の作業から開始できます。

📁 live2Dbook → day1 → lv1_1.psd

Live2D で使うイラストの描き方

Live2D モデルのベースとなる、素材イラストの描き方を紹介します。本書では CLIP STUDIO PAINT を使ってイラストを描いています。なぜこのペイントソフトを使うというと、PSD での保存ができることと、ツールに「左右対称で描画ができる」機能があるためです。

1 下の 4 つのイラストは、本誌のキャラクター「れみちゃん」のデザインラフです。全体のイメージとして、「あなたもアイドル（VTuber）になろうよ！」といったコンセプトで、歌っていそうな子をイメージしました。
本書制作スタッフと検討した結果、C 案の方向性に決まりました。

A 案

B 案

C 案

D 案

2 C 案をベースに、デザインを詰めていきました。主に衣装をブラッシュアップしています。全体のカラーリングは赤・黄・ピンクの暖色をベースとし、ヘアピンの緑色がアクセントです。
表情も屈託なく明るく笑うイメージにしています。
なお、この時点では、カワウソのぬいぐるみで動きを出す想定でした。

表情案

キャラクターデザインフィックス

3 CLIP STUDIO PAINT を起動したら、メニュー→［ファイル］→［新規］で新規キャンバスを作成します。今回は表示された［新規］ダイアログを下図のような幅・高さ・解像度にしています。

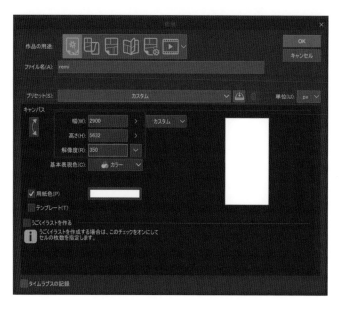

4 定規ツールの中の［対称定規］を選びます。

5 キャンバスの真ん中で Shift を押しながらドラッグすると①、対称定規が作成されます②。

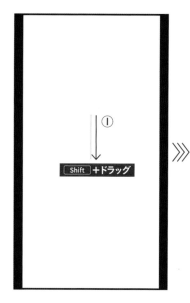

🖉MEMO

CLIP STUDIO PAINT の体験版

CLIP STUDIO PAINT は、公式 Web サイト（https://www.clipstudio.net/）から、製品体験版をダウンロードできます。

☑CHECK

正面イラストで Live2D Cubism Editor に慣れる

はじめて Live2D Cubism Editor で動かすイラストは、左右対称の正面を向いたイラストがオススメです。斜めのイラストでのモデル制作も可能ですが、まずは正面のイラストでパラメータ（p.52）の制御に慣れておきましょう。

6 対象定規の設定されたレイヤーにラフを描きます。対称定規のおかげで定規を挟んで左側に描けば、右側にも同じように描かれ、反対に右側に描けば左側にも同じように描かれます。

左側に描くと……

右側の対称位置にも同時に描かれる

✏️ **MEMO**

部位の位置を意識

どの部位が手前にきて、どの部位が後ろにくるかをこの時点で意識しておくことがポイントです。後々の工程で部位を分けることが楽になります。

7 前髪はあえて左右対称にしないことで、変化を持たせています。レイヤーパレットのラフレイヤーの定規マークを Shift + クリックします①。すると、対称定規が OFF となり普通に描けます②。

①

Shift + クリック

対称定規が OFF

②

✏️ **MEMO**

全身を描かなくてもいい

ここでは、全身が描けるキャンバスのサイズにしていますが、バーチャルYouTuber（VTuber）でよく見られるバストアップの配信用モデルにのみフォーカスするのであれば下半身を描く必要はありません。

8 ラフができたら、線画を描き、色を塗っていきます。Live2D Cubism Editor で使う素材イラストは、次のようなルールがあります。

1. **動かしたい部位ごとにレイヤーが分かれている必要がある**
   レイヤーが細かく分かれているほど、詳細な動きを設定できます。

2. **部位1つに対し、1つのレイヤーである必要がある**
   最終的に、線画、塗りのレイヤーを部位ごとに統合します。

今回は右図のように、部位ごとに「レイヤーフォルダ」を分けて制作しています。

※ Adobe Photoshop の場合、レイヤーフォルダは「レイヤーセット」という名称です。

レイヤーフォルダ構成

📁 眉
📁 前髪
　📁 前横髪1　📁 前横髪2　📁 前髪　📁 髪影
📁 目
　📁 ハイライト　📁 上まつ毛　📁 まつ毛尻
　📁 まつ毛ハネ1　📁 まつ毛ハネ2　📁 瞳
　📁 下まつ毛　📁 白目
📁 顔
　📁 頬紅　📁 鼻　📁 上口　📁 下口　📁 あけ口　📁 輪郭
📁 横髪
📁 はね毛
📁 上半身
　📁 首　📁 襟　📁 鎖骨　📁 リボン　📁 上着　📁 ベルト
　📁 シャツ
📁 下半身
　📁 上着下　📁 シャツ下　📁 スカート　📁 足　📁 お腹　📁 上着裏
📁 腕
　📁 腕服　📁 カフス　📁 上腕　📁 前腕　📁 手
📁 耳
📁 襟裏
📁 中髪
📁 後髪
　📁 内はね毛　📁 外はね毛1　📁 後髪　📁 外はね毛2
📁 髪リボン

9 各レイヤーフォルダの中に「線画」「塗り」のレイヤーを作成して作業を進めていきます①。
ここでも、左右対称になる部分は［対称定規］を使うことで作業時間を短縮しています②。

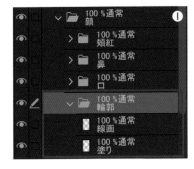

対称定規

> ✏️**MEMO**
>
> ### レイヤーフォルダを使うメリット
>
> 部位ごとにレイヤーフォルダを作成しておくと、なにかと便利です。部位ごとにわかりやすくレイヤーを管理でき、最終的にワンアクションでレイヤーフォルダ内をまとめて1つのレイヤーにできるためです。

10 目は、細かい部位に分けて描いています。とくにまつ毛を細かく分けておくと詳細な動きがつけやすくなります。重なる部分を作り、切り分けて描くのがポイントです。

まず、目の開閉の動きの基点となる上まつ毛とまつ毛尻を描きます①。

まつ毛のハネも分けておくと調整がしやすくなります②。

瞳（目玉）はぐるぐる動くことを考えて、まつ毛に隠れてしまう部分も描きましょう③。

二重の線、白目、下まつ毛、瞳のハイライトも別々の部位として描いて、目は完成です④。

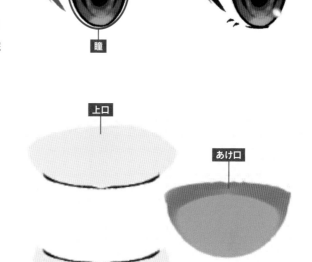

11 口は、「あけ口」の「上口」と「下口」、そして「閉じ口」の3つの部位になっています。あけ口は塗りだけで描きます。

※よりリアリティのある「あ、い、う、え、お」の母音に合わせた口の開閉方法は、p.63のCOLUMNで解説しています。

※ワンランク上の口の部位の分け方は、p.71のCOLUMNで解説しています。

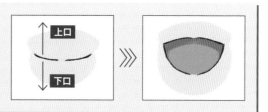

☑*CHECK*

口の構造

上口と下口であけ口を隠すように描いています。モデリングでは、上口と下口の線を変形させて、あけ口を見せます。

☑*CHECK*

Live2D Cubism Editor 向きの塗り

Live2D Cubism Editor はどんなイラストでも動かすことができるため、塗りも好きなようにやって構いませんが、向き不向きの塗りはあります。

慣れないうちは、ベタ塗りに近い「アニメ塗り」が良いでしょう。厚塗りやグラデーションの多い塗りだと、各部位を動かした際に塗りの切れ目が目立ってしまうためです。

12 通常イラストを描く場合、重なって見えない部分は適当で構いませんが、Live2D では部位ごとに動くため、動かしたときに不自然に途切れる部分が出てきます①。
そのため、イラストの見えない部分まで描画しておく必要があります②。

図では、前髪を画面右に揺らしたときに線や塗りのない部分が不自然に見えてしまう

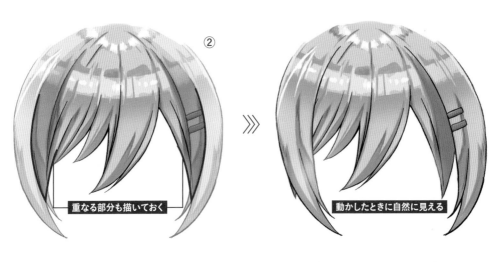

重なる部分も描いておく

動かしたときに自然に見える

13 塗りが終わりました。塗り残しがないかを、最後にきちんと確認しておきます。

14 Live2D Cubism Editor でモデリングができる
レイヤー構造にしていきます。**8** でもあったよう
に、素材イラストは「部位1つに対し、1つのレ
イヤーである必要がある」ため、線と塗りを統合
して1つのレイヤーにする必要があります。こ
れができていないと、Live2D Cubism Editor 上で
は1枚1枚のレイヤーがバラバラに表示されて
しまうため、モデリングができません。**8** のよう
にきちんとレイヤーフォルダを分けておけば、線
と塗りのレイヤーを統合するときに時短になりま
す。
レイヤーフォルダを選択した状態で、［レイヤー］
メニュー→［選択中のレイヤーを結合］①するだ
けでフォルダ内のレイヤーをまとめて統合できま
す②。

① ［選択中のレイヤーを結合］
すると……

② 1つのレイヤーになる

分けたい部分を選択して、コピー&ペースト

15 目や腕、髪の毛などの左右別々に動
かしたい部位は、レイヤーを左右で分
けます。

左（L）と右（R）で部位が分かれる

✎ MEMO

修正が発生したときのために

統合前の細かくレイヤー分けされたデータは、イラストの修正が発生したときのために別ファイルとして残して
おきましょう。

16 部位ごとの重なり順を確認します。下図は、前面〜後面で画面左から部位を並べています。顔の輪郭を中心とし、それよりも前に目の部位、その上に前髪などと考えるようにしています。

17 レイヤーの状態を確認します。主に次の5つに注意して見ていきます。

1. **同じレイヤー名がないか**
   同じレイヤー名でも Live2D Cubism Editor 上での作業はできますが、すべて異なるレイヤー名にしておいたほうが混乱しません。

2. **クリッピングされたレイヤーがないか**
   クリッピングは Live2D Cubism Editor 上で認識されないので、結合しておきます。

3. **レイヤーマスクが使われていないか**
   レイヤーマスクは Live2D Cubism Editor 上で認識されないので、マスクをレイヤーに適用しておきます。

4. **合成モードは「通常」になっているか**
   Live2D Cubism Editor では「通常」「乗算」「加算」のモードしか扱えず、「通常」以外のモードを読み込むと予期せぬ見た目になってしまうこともあるので、合成モードはすべて「通常」にしておきます。

5. **[不透明度]が「100％」になっているか**
   [不透明度]の数値を変えていても、Live2D Cubism Editor に読み込んだ際は100％になります。

※ Adobe Photoshop の場合は、[塗り]の項目も100％にします。

18 最後に、メニュー→[ファイル]→[別名で保存]で、「PSD」形式で保存して、素材イラストの制作は完了です。

✎ **MEMO**

カラーモードはRGB

カラーモードが設定できるペイントソフトの場合は、「RGB（sRGB）」になっていることも確認します。

アートメッシュと
パラメータ

イラストの部位の「アートメッシュ」を作成し、「パラメータ」を設定して動かす。
これが、Live2D Cubism Editor でのモデリングの基本的な仕組みです。
この日は、素材イラストすべての部位のメッシュを分割してアートメッシュを作成
し、目や口のアートメッシュにパラメータを設定して動かしてみます。

この日にできること

- ☑ 保存したモデルデータファイルの読み込み
- ☑ メッシュの自動生成
- ☑ メッシュの手動編集
- ☑ パラメータの設定方法を知る
- ☑ 変形パスツールの使い方を知る
- ☑ 目の開閉の作成
- ☑ 口の開閉の作成
- ☑ あいうえおの口の形の作成
- ☑ ワンランク上の口の作り方

01 アートメッシュの メッシュを分割する

モデリングでは、メッシュの分割作業をはじめに行います。

アートメッシュとは？

アートメッシュとは、Live2D Cubism Editor に
読み込んだ素材イラストの部位に作成される
「頂点」と、頂点と頂点をつなぐ「エッジ」で
構成された多角形の集合（メッシュ）で分割さ
れた画像のことです。Live2D Cubism Editor 上
に読み込んだばかりの素材イラストの各部位を
クリックしてみると、頂点の数を最小限に抑え
たアートメッシュが作成されています。

頂点

エッジ

「頂点」と、頂点と頂点を
つなぐ「エッジ」

メッシュ

アートメッシュ（メッシュで分割された画像）

このアートメッシュを変形、移動させることで各部位の動きを作っていきますが、デフォルトの状
態では、思い描いた動きにならないはずです。そこで、このアートメッシュのメッシュをを格子状
に分割し、より細かい動きを作成できるようにしていく必要があります。

☑ CHECK

非アクティブカラーの変更

Solo 表示状態（p.21）のと
きに、ビューエリアの左上にあ
る［非アクティブカラー］のカ
ラー設定ボックス□をクリック
すると、背景と非表示部位の
色と不透明度を変更できます。
Solo 表示状態の部位が見えに
くい場合は変更するのがオス
スメです。

非アクティブカラー：□

カラー設定ボックス

背景と非表示部位の色
をグレーにした場合

デフォルトのアートメッシュ

メッシュを分割する頂点が4つしかな
いため、

メッシュを細かく分割したアートメッシュ

頂点を増やし、メッシュを細かく分割
すると……

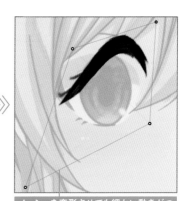

メッシュを変形させても細かい動きがつ
けられない

詳細な変形ができるようになり、細かい
動きがつけられる

アートメッシュのメッシュ分割に使うツール

下図はツールバーです。アートメッシュ編集時には、主に次の2つのツールを使います。

メッシュの手動編集　メッシュの自動生成

▶ メッシュの手動編集

クリックで頂点を打つことで、好きな形状のメッシュを作成
できるツールです。また、すでに打ってある頂点を移動させ
ることで、メッシュ自体の編集もできます。

※ ［メッシュの手動編集］のときは、画面がメッシュ編集モードとなり、専用
　のメニューも選択できます（p.17）。

頂点を打ってメッシュを分割

▶ メッシュの自動生成

表示される［メッシュの自動生成］ダイアログの設定に基づ
いて、メッシュを自動で分割できるツールです。
各設定値は、手動で入力してもいいですし、用意されている
プリセットから選ぶこともできます。

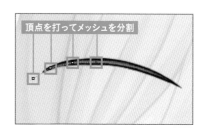

☑ *CHECK*

メッシュの分割数によるメリット・デメリット

メッシュの分割が多すぎてしまうと、ゲーム制作で使用する場合や作業するうえでもデータが重くなってしまい
ます。データが重くなると作業している最中に予期せぬエラーを起こしたり、フリーズしてしまう可能性があり
ます。逆に、メッシュが少なすぎる場合は形状の変化をさせる際のカクツキが目立ってしまうので注意しましょ
う。環境ごとの適切なメッシュの分割数を見極める必要があります。

多い場合
メリット
なめらかな動作が可
能

デメリット
データが重くなる。
VTube Studio や
ゲームで表示させる
場合に、動きの遅延
が発生する場合があ
る

少ない場合
メリット
データが軽くなる

デメリット
変形時のカクツキが
目立つ

Day 2　アートメッシュとパラメータ

STEP01……モデルデータファイルを読み込む

本格的にモデリング作業をしていきましょう。まず、Day1 で保存したモデルデータファイル（.cmo3）、または上記のファイルを読み込んで、作業ができる状態にします。

1 Live2D Cubism Editor を起動したら、今回は完成イラスト（.psd）ではなく、Day1 で保存したモデルデータファイル（.cmo3）を、ビューエリアにドラッグ＆ドロップします。今後、モデリングの作業を中断して再開する場合は、保存した時点の .cmo3 ファイルを読み込みましょう。

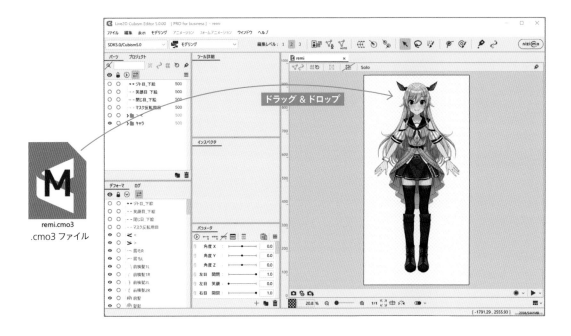

remi.cmo3
.cmo3 ファイル

ドラッグ＆ドロップ

☑CHECK

別の読み込み方

［ファイル］メニュー→［ファイルを開く］で、任意のファイルを選択して読み込むこともできます。

🖉MEMO

拡張子を表示する方法

ファイル名末尾の「.psd」や「.cmo3」といった拡張子が非表示の場合、以下の方法で表示することができます。

Windows の場合
フォルダを開き、上部メニュー→［表示］をクリックします。サブメニューが表示されるので、［ファイル名拡張子］にチェックを入れます。

macOS の場合
Finder のメニュー→［Finder］→［環境設定］を選択します。「Finder 環境設定」ウィンドウが表示されるので、［詳細］をクリックします。［すべてのファイル名拡張子を表示］にチェックを入れます。

STEP02……メッシュを自動で分割する

メッシュを分割していきます。まずは、アートメッシュ全体に同じ設定値の「メッシュの自動生成」を行います。

1 Ctrl+A ですべてのアートメッシュ（部位）を選択します。右図のとおり、各メッシュに必要最低限の頂点がある状態です。

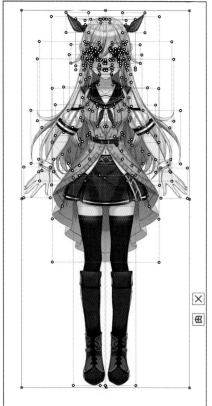

すべてのアートメッシュが選択された状態

2 ツールバーの［メッシュの自動生成］ボタンをクリックします。

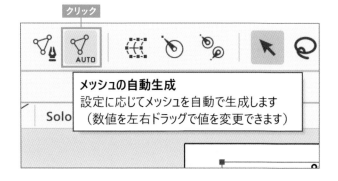

メッシュの自動生成
設定に応じてメッシュを自動で生成します
（数値を左右ドラッグで値を変更できます）

3 ［メッシュの自動生成］ダイアログが表示されるので、プリセット欄の ∨ をクリックして、設定値を選択します。ここでは、［変形度合い（小）］にしました。

メッシュの自動生成	×
プリセット	
変形度合い（小）	∨

追加...	削除	上書き	>

設定	
点の間隔（外側）	80
点の間隔（内側）	80
境界のマージン（外側）	14
境界のマージン（内側）	14
境界の最小マージン	5
境界の最少点数	15
透明とみなすアルファ値	0

4 下図は自動でメッシュが分割された状態です。髪や体、服といった、大きく動かすような部位の
メッシュの分割は、基本的に自動で問題ありません。

前髪メッシュ分割の前と後

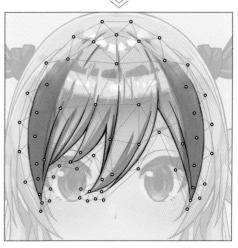

☑*CHECK*

メッシュがうまく分割されない場合

メッシュが欠けるなど、うまく分割されない
場合は元のイラストデータ（PSD）に不要
な半透明部分が残っている可能性がありま
す。
このようなときは、[メッシュの自動生成] ダ
イアログの[透明とみなすアルファ値]を0
から値を大きくすることで、メッシュの分割
を調整できます。

透明とみなすアルファ値 ⬚0

値を徐々に大きくする

STEP03……メッシュを手動で分割する

アートメッシュによっては、メッシュで囲いきれていなかったり、形がガタガタだったりと自動で分割しただけでは不十分なところもでてきます。必要に応じて［メッシュの手動編集（p.37）］ツールでメッシュの頂点の数を増減したり、形に調整を加えていきましょう。

1眉毛やまつ毛、口といった、細かい動きが必要となる顔の部位は、STEP02 で自動分割されたメッシュのままだと動かしにくい場合があります。まずは、これらの部位のメッシュの状態を確認してみましょう。

眉毛①（OK）
多少のズレはあるが、基本的に眉毛の形に沿って綺麗に分割されている。

二重の線②・二重のカゲ③（OK）
多少のズレはあるが、基本的にそれぞれの形に沿って綺麗に分割されている。

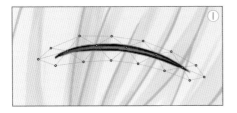
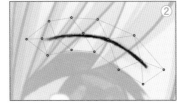

上まつ毛④（NG）
分割が上まつ毛の形に合っていないため、場所によって動きに差が出てしまう。調整の必要がある。

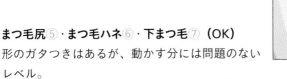

まつ毛尻⑤・まつ毛ハネ⑥・下まつ毛⑦（OK）
形のガタつきはあるが、動かす分には問題のないレベル。

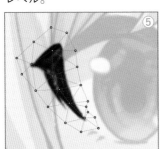
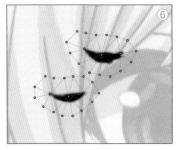
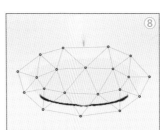

上口⑧・下口⑨（NG）
分割数が足りず、細かい動きをつけづらいため、調整の必要がある。

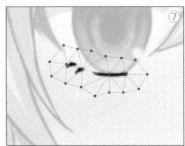
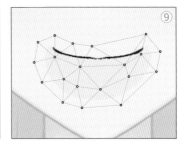

2 確認してみて、NG だった部位の
アートメッシュを調整していきま
す。まずは、上まつ毛です。
パーツパレットで上まつ毛のアート
メッシュを選択します①。
ツールバーの［メッシュの手動編集］
ボタンをクリックします②。これで
「メッシュ編集モード（p.17）」とな
り、メッシュの頂点の移動や追加、
削除ができます。

3 Ctrl + A で自動分割した頂点
とエッジをすべて選択します①。
delete で選択した頂点とエッジ
をいったん削除します②。

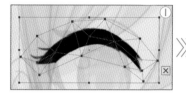

4 ツール詳細パレットで［頂点の追加］になっていることを確認し
ます①。
頂点を打ちながら、メッシュを手動で作成していきます。
上まつ毛中央のメッシュ②、下部のメッシュ③、上部のメッシュ④
の３列で構成されたメッシュで、上まつ毛のアウトラインを囲む
ようなイメージです。
まずは中央のメッシュですが、アウトラインよりも少し内側に等間
隔の頂点を打ちながら⑤、上まつ毛全体をぐるっと囲みます⑥。な
お、頂点の間隔は厳密な等間隔である必要はありません。

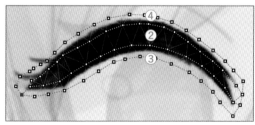

等間隔の頂点を打って、アートメッシュを作成していく ⑤

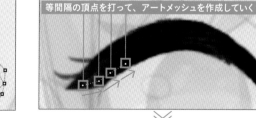

☑ *CHECK*

三角形を意識

メッシュは、頂点と頂点を結ん
だときに三角形ができるように
します。なお、三角形の形は
厳密に揃える必要はありませ
ん。

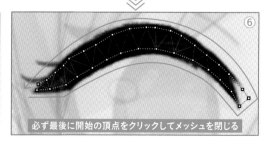

必ず最後に開始の頂点をクリックしてメッシュを閉じる

5 次に下部のメッシュを作成します。中央の
メッシュと下部のメッシュで、まつ毛のアウト
ラインを囲むようにします①。

上部のメッシュも作成します。ここも、中央の
メッシュと上部のメッシュでまつ毛のアウトラ
インを囲むようにします②。

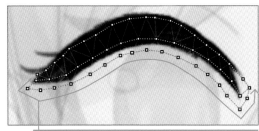

① 中央メッシュ左端の頂点からスタートして、右端の頂点
をクリックしてメッシュを閉じる

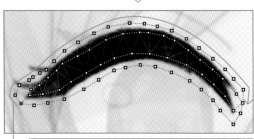

② 下部メッシュ左端の頂点からスタートして、中央メッシュ
右端の頂点をクリックしてメッシュを閉じる

☑ *CHECK*

アウトラインを囲うメリット

中央と上部のメッシュ、中央と下部のメッシュでア
ウトラインを挟むようにすると、まつ毛の線幅を整
えやすく、まつ毛自体の幅も調整がききやすいと
いうメリットがあります。
挟んでいないと、アウトライン自体が伸びてしまう
ことがあるため、そういった意味でもメリットがあ
ります。まつ毛に限らず、オススメのアートメッシュ
の作り方です。

---

6 まつ毛端の小さくハネている部分も囲うよう
にメッシュを作成します。**5** の段階のメッシュ
につけ足します①。

まつ毛全体よりもひと回りほど大きいメッシュ
ができました②。

最後に、ツール詳細パレットの［自動接続］を
クリックします③。

すべての頂点同士がエッジで結ばれて完全な
メッシュになります④。

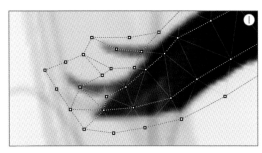

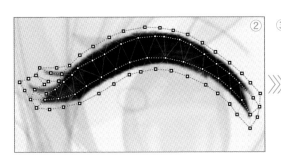

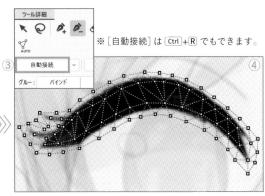

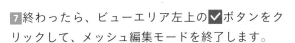

※［自動接続］は Ctrl + R でもできます。

7 終わったら、ビューエリア左上の☑ボタンをク
リックして、メッシュ編集モードを終了します。

8 次に、上口と下口のアートメッシュを調整していきます。まずは、パーツパレットで上口のアートメッシュを選択し①、上まつ毛のときと同じようにツールバーの［メッシュの手動編集］ボタンをクリックします②。

☑**CHECK**

モデル用画像表示

メッシュ編集モードで編集するアートメッシュやデフォーマ(p.78)といったオブジェクト(p.52)の表示形式を変更できます。色が重なるなどして編集中のオブジェクトが見づらい場合は、[モデル用画像表示]にするのがオススメです。

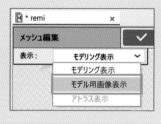

9 上まつ毛と同じようにアートメッシュを作成してもいいですが、ここでは、自動で分割されたメッシュを活かしましょう。口は範囲が広いので、1から作成するよりも時間短縮になります。ツール詳細パレットで［選択・編集］にします①。これで、頂点の位置を調整して、メッシュの形を変えられます。
すでにある頂点をドラッグして②、上口のアウトラインよりも少し内側にくるように移動させます③。

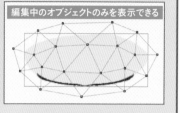

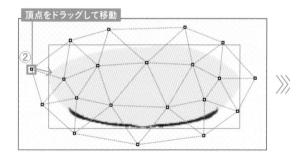

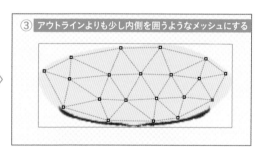

10 口は細かい動きをさせたいのですが、このままではメッシュの分割数が足りません。とくによく動く、アウトライン付近に頂点を増やしたいところです。
ツール詳細パレットを［頂点の追加］にします①。アウトラインよりも少し内側に頂点を追加していきます。頂点の間隔はなるべく等間隔になるよう意識します。頂点を追加したら、メッシュの形がなるべく綺麗な三角形になるように調整します②。

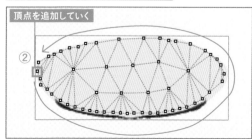

11 アウトラインを挟むように、頂点を追加していきます。上口の外側をぐるっと囲みます①。
最後に、［自動接続］（Ctrl + R）ですべての頂点をエッジでつなげて完成です②。

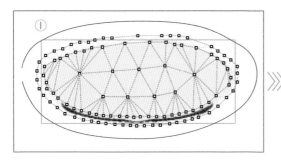

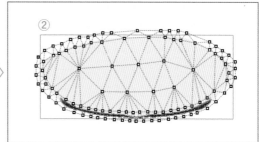

12 下口も同じようにアートメッシュを調整します。

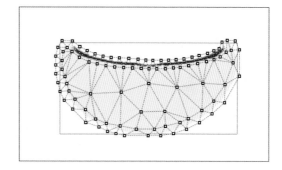

Day 2　アートメッシュとパラメータ

☑ *CHECK*

基本のアートメッシュ作成方法

極端な話、動かすときに不都合がなければいいので、私の場合は自己流に近いやり方でアートメッシュを作成しています。ただ、最初は適切な作成方法がわからないと思いますので、Live2D 社がオススメするアートメッシュの作成方法を紹介します。迷ったらこの方法をやってみましょう。

眉毛・まつ毛・その他厚みのない部位
部位の真ん中を通るように頂点を打ち、エッジで結んだときに三角形になるようにします。
大きさや動かしたい範囲によって、メッシュの分割数を調整します。眉毛は、少し細かくメッシュを分割したほうがいいでしょう。
線だけでできた厚みのない部位は、線を挟むように三角形を作る方法もあります。

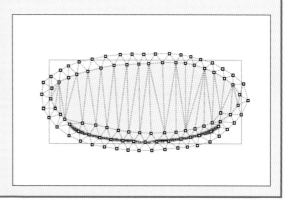

上口・下口
くちびるのアウトライン（線）の上を通るように頂点を打ち、エッジで結んだときに三角形になるようにします。肌色部分は、アウトラインの境界を囲うように頂点を打ちます。

02 一歩進んだメッシュの分割

新機能を利用したワンランク上のメッシュの分割方法を解説します。01からの流れで、まずは基本的な制作手順を学びたい場合は、03（p.52）に進んでください。

メッシュの自動生成の精度

「メッシュの自動生成」機能は、Live2D Cubism Editorのアップデートにより、精度の高い綺麗なメッシュの分割ができるようになりました。以前のバージョンで［変形度合い（大）］を選択しただけではメッシュのバランスや頂点がまばらになるため手動での大幅な調整が必須でしたが、ver.5.0では右図①のように自動で細かく綺麗なメッシュの分割ができます。

複雑な形状の部位で、メッシュを自動で綺麗に分割できない場合は、［メッシュの自動生成］ダイアログの「設定」の数値を調整することにより、ある程度の綺麗な分割までもっていけます②。そこから微調整をするだけで非常に楽になります。

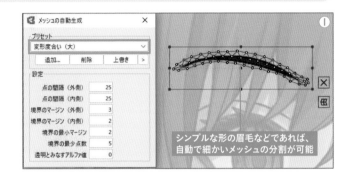

シンプルな形の眉毛などであれば、自動で細かいメッシュの分割が可能

デフォルトの設定ではメッシュが綺麗に分割されない

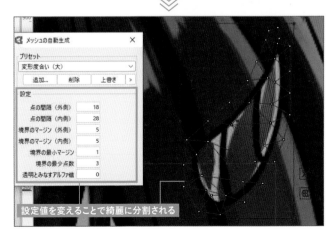

設定値を変えることで綺麗に分割される

☑CHECK

モデルクオリティの向上

「メッシュの自動生成」の精度が向上したことで、メッシュの細かい分割がやりやすくなりました。細かく分割されているほど、口や髪などで大きく形状を変えたいときになめらかで複雑な動きを作成できます。結果的にLive2Dモデルのクオリティ水準も上がりました。

ストロークによるメッシュ割り

［メッシュの手動編集］を選択してメッシュ編集モード（p.17）
になったときに、ツール詳細パレットで［ストロークによるメッ
シュ割り］選択すると使用できる機能です①。
ビューエリアをドラッグして線を引き②、メッシュを作成でき
ます③。ペンタブレットを使って描くようにメッシュを作成で
きます。［編集中のストロークの確定（ここをクリック
［ Shift ＋ E ］］をクリックするまでは、納得のいくメッシュに
なるまで何度でも引き直すことができます。

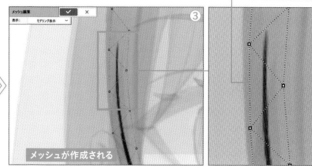

作成されたメッシュは頂点と頂点を結ん
だときに綺麗な三角形になっている

ここをクリック
するまで何度
でも線を引き
直せる

線を引くように
ドラッグ

メッシュが作成される

ミラー編集

これも、メッシュ編集モード中に使用できる機能です。直線を
軸に対称となるように頂点やエッジを追加できます。たとえば、
直線を挟んで左側に頂点を打てば、右側の対称位置にも同じよ
うに頂点が自動で打たれます。
ツール詳細パレットで［頂点の追加］や［ストロークによるメッ
シュ割り］を選択時①に、［ミラー編集］にチェックを入れる
②ことで使用できます。
軸となる直線は垂直（左右反転）か水平（上下反転）を選択で
きます③。「軸の位置」で直線の位置を調整できます④。

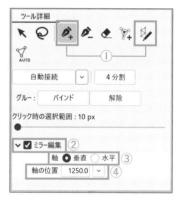

軸となる直線

左側に頂点やエッジを
追加すると……

右側の対称位置にも
同時に追加される

STEP01……使用する素材ファイル

ここでは、前ページの機能を利用したメッシュの分割方法を解説します。下記のキャラクターイラストを使います。このイラストは詳細な動きに対応できるように、p.27 の PSD ファイルよりも各部位を細かく分けています。

☑CHECK

各部位の確認

CLIP STUDIO PAINT や Photoshop で PSD ファイルを開き、レイヤーパレットで各部位の分かれ方を確認できます。もしくは、Live2D Cubism Editor に PSD ファイルを読み込み、パーツパレットで確認することもできます。

CLIP STUDIO PAINT のレイヤーパレット

📁 live2Dbook ⟶ Finish ⟶ インターネット配信用モデル 2 ⟶ oni.cmo3

STEP02……部位ごとにメッシュを自動で分割する

STEP1 の PSD ファイルを Live2D Cubism Editor に読み込み、メッシュの分割を行います。p.39 のように すべての部位を選択しての分割はせず、部位 1 つひとつを最適な分割にしていきます。精度の上がっ た［メッシュの自動生成］と設定値を調整すれば大きな手間がなく作業ができます。ここでは例として髪 のメッシュを見ていきます。

1 メッシュを分割したい部位 を選択し、ツールバーの［メッ シュの自動生成］ボタンをク リックします。

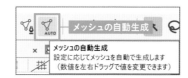

2 ［メッシュの自動生成］ダイアログが表示されるので、部位 に合わせた「プリセット①」と「設定②」にしてメッシュを分 割していきます。メッシュがほどよく細かく、綺麗な形になる 設定にします。

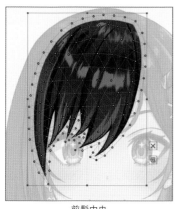

前髪中央

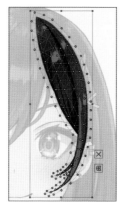

前髪 L

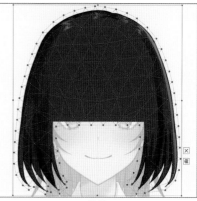

横髪

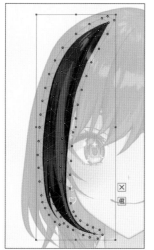

横髪 R

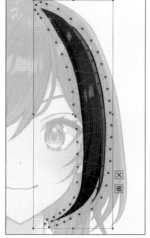

横髪 L

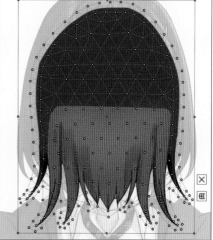

後ろ髪

STEP03……ミラー編集でメッシュを分割する

顔の輪郭はよく動かす上に調整が多く入る部分なので、メッシュは細かく分割します。輪郭線は［ストロークによるメッシュ割り］を使います。

☑ CHECK

線と塗りを分けるメリット

線と塗りをあえて分けることで、特定の部位を線と塗りで挟むことができます。たとえば、髪は線の上に配置し、髪の影は線と塗りの間に挟むといったことができます。

輪郭

輪郭線画

1 ツールバーの［メッシュの手動編集］ボタンをクリックします。

2「メッシュ編集モード」になったら、ツール詳細パレットで［ストロークによるメッシュ割り］を選択します①。［ミラー編集］にチェックを入れ②、「軸」を［垂直③］にします。
さらに「メッシュ割り設定」で作成するメッシュの幅や細かさを設定します。「メッシュ幅」でストロークしたときに作成されるメッシュの横幅を決められます。今回は「7」にしました④。「繰り返しの間隔」でメッシュの細かさを決められます。数値が小さいほどメッシュが細かくなります。今回は「10」にしました⑤。部位の輪郭線の外側と内側でメッシュの分割をしたいため、「メッシュ幅の頂点数」は「2」にしました⑥。

3 輪郭線をなぞるようにストロークします。［ミラー編集］がONになっているため、右側に作成したメッシュが左側にも作成されます。納得のいくメッシュになったら、［編集中のストロークの確定（ここをクリック［ Shift + E ］）］をクリックして、ストロークによるメッシュ割りを確定させます。

☑ CHECK

ストロークの形を後から調整する

ストロークしたあとに緑の頂点ができます。この頂点は自由に動かしたり、緑の線上をクリックすることで追加できます。この頂点を使ってストロークの位置や長さの調整ができます。

頂点

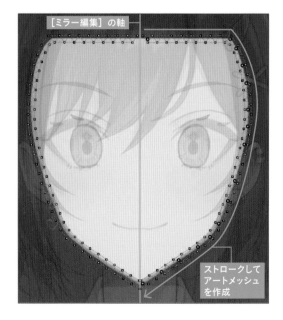

[ミラー編集］の軸

ストロークしてアートメッシュを作成

4 顔の内側は大きな動きをつける必要がないため、メッシュの分割数を減らします。1つのアートメッシュ内でメッシュの分割の仕方を変えることで、大きな動きをつける部分とそうでない部分の差別化ができ、単純に細かい分割をするよりもデータが軽くなります。ツール詳細パレットで［頂点の追加］を選択します①。顔の左右で同じ分割にしたいので、［ミラー編集］にチェックを入れます②。

5 頂点を打ってメッシュを作成します。ここも［ミラー編集］のおかげで右側に作成したメッシュが左側にも作成されます。内側にいくほどメッシュの分割数を減らしているのがわかるかと思います。

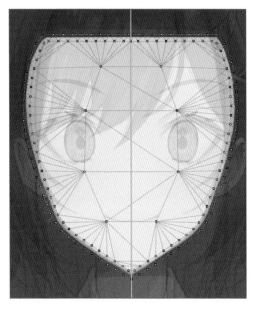

選択状態を隠す

モデリング作業を行っているときに全体のバランスを確認したいときがあります。そのときに画面上にメッシュやデフォーマなどのいろいろなものが見えた状態だとノイズになってしまい、バランスを確認しづらいです。そんなときは、［表示］メニュー→［選択状態を隠す］を選択すると、ビューエリア内のさまざまな情報が非表示となり、全体のバランス確認がしやすくなります。

6 「輪郭線画」のメッシュは、「輪郭」のメッシュの輪郭線の部分だけをコピー＆ペーストして作成します。

03 目の開閉を作成する

いよいよモデルを動かしていきます。Live2D モデリングでの動き作りの基本操作が「パラメータ」の設定です。ここでは、パラメータについて解説した後、実際に目の開閉の動きを作成します。

パラメータとは？

パラメータとは、アートメッシュやデフォーマといったオブジェクトの動きの設定のことです。パラメータパレット（p.19）で項目ごとに設定でき、各オブジェクトの変形度合いを数値で結びつけることで動きを表現していきます。

たとえば下図では、［右目 開閉］という項目で、パラメータの値 1.0 のときに「目を開く」、値 0.0 のときに「目を閉じる」の動きになるよう設定しています。

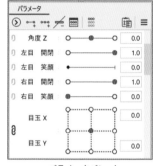

パラメータパレット

☑CHECK

オブジェクト

Live2D Cubism Editor では、アートメッシュやデフォーマなど、一旦キャンバス上に配置されたものを「オブジェクト」と総称しています。

パラメータ 1.0 のとき（目を開く）

パラメータ 0.0 のとき（目を閉じる）

パラメータの設定（キーの追加）

各オブジェクトに動きをつけていくためには、パラメータ項目に「キー」を追加する必要があります。この追加されたキーが、動きの基点となる「パラメータ値」です。

まず、動きを設定したいオブジェクトを選択します①。

パラメータ項目を選択し、［キーの 2 点追加］ボタンをクリックします②。選択した項目に 2 つのキーが追加されます③。

［キーの 3 点追加］ボタンをクリックすると④、3 つのキーが追加されます⑤。

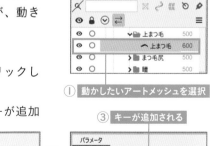

① 動かしたいアートメッシュを選択

③ キーが追加される

キーの 2 点追加

キーの 3 点追加

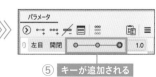

⑤ キーが追加される

パラメータの設定（オブジェクトの動かし方）

追加したキーの位置でオブジェクトを変形させることで、動きを設定できます。

ここでは、パラメータの一番右のキー（パラメータ値1.0）がまつ毛のデフォルトの状態、一番左のキー（パラメータ値0.0）が、オブジェクトの変形後とします①。

変形後の位置のキーを選択し②、アートメッシュのメッシュを変形させます③。

キー間の変形は自動で補間され、右と左のキーを行き来することで結果的に動いているように見えます。

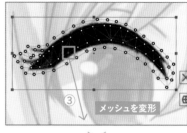

☑CHECK

キーの色

パラメータ項目のキーの色ですが、選択中のオブジェクトにキーが追加されていると、緑色になります。
オブジェクトを選択していない状態だと白とモデルの現在の値が赤色になります。

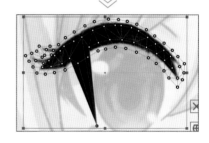

変形パスツール

メッシュが細かく分割されていたり、まつ毛や髪の毛、長い布のような柔らかい動きを表現する際に、メッシュを1つひとつ変形させていては大変です。そんなときは変形パスを使うと、簡単かつ綺麗に変形できます。

ツールバーで［変形パスツール］を選択し①、コントロールポイントを打って変形パスを作成します②。

コントロールポイントをドラッグすると③、アートメッシュをなめらかに変形できます④。

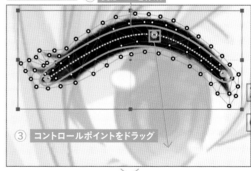

☑CHECK

アートメッシュの変形は矢印ツールを使う

変形パスツールでは、変形パスのコントロールポイントを動かすことしかできません。アートメッシュ変形の際は、ツールバーで［矢印ツール（p.18）］を選択しましょう。

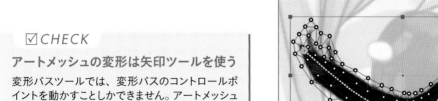

STEP01……閉じ目の下絵を描いて読み込む

目の開閉(目パチ)を作成してみましょう。目が開閉するだけで一気にキャラクターに命が吹き込まれます。
まつ毛などの目のアートメッシュを変形させて閉じ目を作成するので、まずは閉じ目をどのような形にする
かを考えていきます。

1 ペイントソフトで閉じ目をどのような形にするか
のラフを描きます。そして、ラフの JPEG ファイル
を Live2D Cubism Editor へドラッグ＆ドロップし
ます。

ドラッグ & ドロップ

CLIP STUDIO PAINT で描いた閉じ目ラフの JPEG ファイル

2 [画像設定] ダイアログが表示されるので、[下絵]
を選択し①、[OK] ボタンをクリックします②。

3 [下絵] としてラフが読み込まれます。閉じ目が
うっすらと透けて見えるのがわかります。このラフ
に合わせて、まつ毛や瞳のアートメッシュを変形さ
せていきます。

読み込んだ下絵がうっすらと透けて見える

読み込まれたラフは、[下絵] フォルダ内にある

STEP02……上まつ毛に変形パスを設定する

右目の上まつ毛から動かしていきます。変形パスを設定することで、なめらかな変形ができるようにします。

1パーツパレットで、上まつ毛のアートメッシュを選択します。

2ツールバーで［変形パスツール］を選択し①、ツール詳細パレットで［コントロールポイントの追加］になっていることを確認します②。
上まつ毛の中央を通るようにコントロールポイントを打っていきます③。

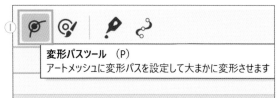

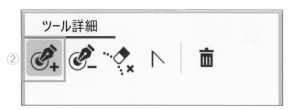

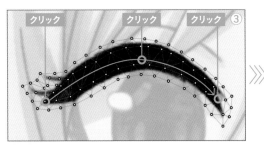

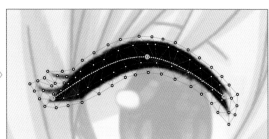

STEP03……上まつ毛にパラメータのキーを追加する

上まつ毛にキーを追加して、パラメータを設定できるようにします。

1上まつ毛のアートメッシュが選択されている状態で、パラメータパレットの［右目 開閉］を選択し①、［キーの2点追加］ボタンをクリックします②。追加された2つのキーは、左が右目を閉じたとき、右が右目を開いたときの動きを設定するパラメータ値です③。

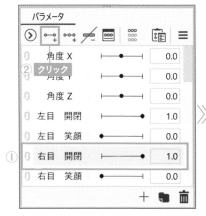

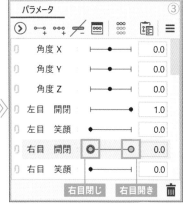

Day 2　アートメッシュとパラメータ

上まつ毛を閉じた状態に変形させていきます。

1 上まつ毛のアートメッシュが選択されている状態で、［右目 開閉］を一番左にドラッグして①、パラメータ値が「0.0」になる位置のキーを選択します②。

※ドラッグでうまく一番左にできない場合は、パラメータ右側の欄に「0.0」と入力します。

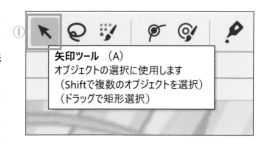

2 ツールバーで［矢印ツール］を選択します①。
STEP02で作成したコントロールポイント（緑色）をクリックすると赤色になります。この状態でドラッグして、上まつ毛をラフに合わせて大きく変形させます②。
変形パスでは大きな動きしかつけられないので、メッシュの頂点を動かして細かく形を整えます。ここで作った上まつ毛の形が、閉じ目の形のベースになります③。

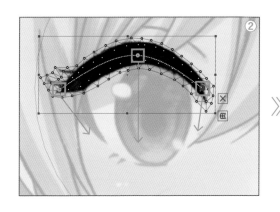

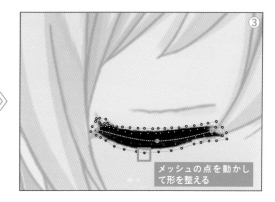

メッシュの点を動かして形を整える

☑CHECK

モデリングビューのオニオンスキン

オニオンスキンはモデルや個々のアートメッシュの動きの軌道を確認できる機能です。モデリングビューでオニオンスキンをON（p.21）にすると、パラメータのキーとキーの間のアートメッシュの動きを表示できます。
表示するオニオンスキンの数や色の設定は、［表示］メニュー→［オニオンスキン］→［オニオンスキン設定］で行います。

動きの軌道を表示できる

STEP05······閉じ目を完成させる

上まつ毛以外の目のアートメッシュを動かしていきます。上まつ毛の形に合わせるようにそれぞれ変形させていきます。

1 細かく分けているまつ毛のアートメッシュにも［右目　開閉］のパラメータを設定していきます。STEP04 で作成した閉じ目に被るように動かします。基本的な手順は、STEP02 〜 04 と同じです。それぞれのアートメッシュを選択して、1 つずつ動かしていきます。

☑ *CHECK*

うまく変形できないとき
メッシュの頂点やコントロールポイントがうまく触れず、変形が上手にできないときは、ビューを拡大しましょう。

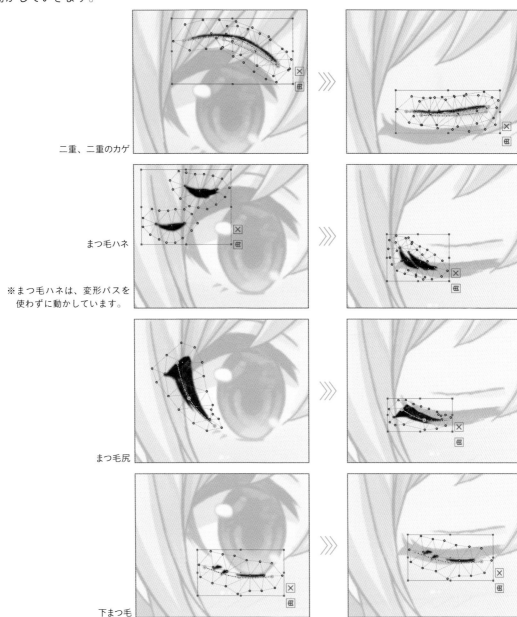

二重、二重のカゲ

まつ毛ハネ

※まつ毛ハネは、変形パスを使わずに動かしています。

まつ毛尻

下まつ毛

2 瞳（目玉）、目のハイライト、白目
のアートメッシュも閉じ目の状態に変
形させていきますが、瞳と目のハイラ
イトを白目に「クリッピング」するこ
とでなめらかな動きを作成できます。
白目のアートメッシュを選択し①、イ
ンスペクタパレットの［ID］をコピー
します②。
瞳のアートメッシュを選択し③、イン
スペクタパレットの［クリッピング］
という欄に白目のIDをペーストしま
す④。
目のハイライトにも同じようにIDを
クリッピングします。

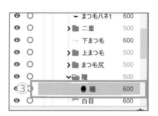

☑CHECK

クリッピングとは

クリッピング先の描画範囲からはみ出さなくなる機能です。クリッ
ピングマスクとも言います。
今回の場合、白目のIDにクリッピングができると、右図のように
瞳のアートメッシュを動かしても白目の範囲からはみ出さなくなりま
す。

瞳を動かしても白目の範囲からはみ出さない

---

3 白目のアートメッシュをほかと同じように変形させていきます。白目のアートメッシュを選択し、
［右目 開閉］のパラメータを追加、［変形パスツール］や［矢印ツール］を使って目を閉じた際に
まつ毛に隠れるように変形させます。クリッピングしたことで瞳と目のハイライトは白目の範囲か
らはみ出さなくなるので、白目を変形させるだけで閉じる動きを作成できます。

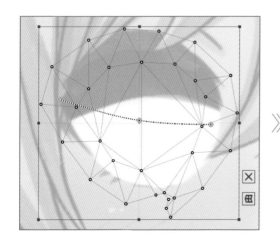
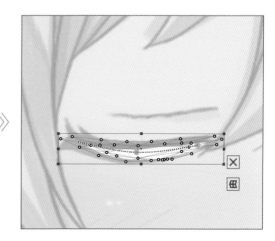

4 目の開閉の動きができました。パラメータパレットで［右目 開閉］のパラメータを左右にスライドさせると、動きの確認ができます。なめらかにまばたきできていればOKです。

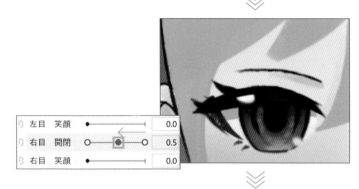

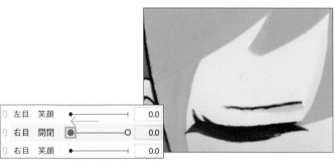

☑CHECK

反対の目の作成

左目の開閉も同じように作成していっても構いません。
今回はDay4で、反転させる方法を使って作成しています（p.111）。

☑CHECK

笑顔を作成する

笑顔のときの目の差分も閉じ目と同じように作成していきます。笑顔をどのような形にするかラフを描いて下絵にします。ここでは右目なので、パラメータパレットの［右目 笑顔］に［キーの2点追加］をし、アートメッシュそれぞれを変形させていきます。閉じ目の状態から変形させたほうが簡単です。

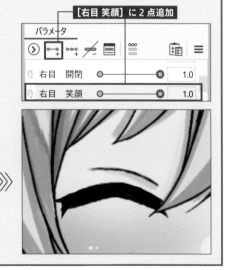

04 口の開閉を作成する

口の開閉も、目と同じように作成します。ここでは基本形として、シンプルな開閉を行えるようにしていきます。

口の構成を確認する

口の開閉（口パク）も、目と同じようにアートメッシュを動かして作成します。

1 まず前提として、口はレイヤーを分けて描かれている必要があります。今回は、「上口」と「下口」が重なって閉じ口に見せている状態です。さらに、「上口」の上部と「下口」の下部には肌色部分を作ることで、下のレイヤーである「あけ口」を隠しています。
ここからパラメータを設定し、「上口」と「下口」のメッシュを変形させ、「あけ口」を表示させることで口の開いた状態を作成していきます。

上口

下口

あけ口

「上口」の上部と「下口」の下部には肌色を塗って重ね合わせることで、「あけ口」を隠しながら閉じた口にしている

📁 live2Dbook → day2 → lv2_3.cmo3

STEP01……口のアートメッシュに変形パスを設定する

「上口」と「下口」のアートメッシュに変形パスを設定します。

1 「上口」と「下口」のアートメッシュに、[変形パスツール（p.53）] を使ってコントロールポイントを打っていきます。口のアウトラインをなぞるように打つのですが、肌色部分も囲うようにすることで、コントロールポイントを動かしても肌色部分のメッシュの頂点が動かなくなります。

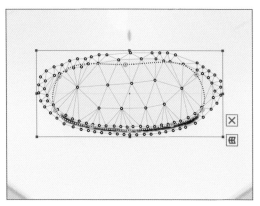

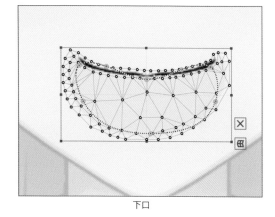

上口　　　　　　　　　　　　　　　　　　下口

STEP02……口のアートメッシュにパラメータのキーを追加する

「上口」と「下口」それぞれにキーを追加して、パラメータを設定できるようにします。

1 「上口」のアートメッシュを選択した状態で①、パラメータパレットの [口 開閉] に [キーの2点追加] をします②。
追加された2点は左が口を閉じたとき、右が口を開いたときです。

2 「下口」もアートメッシュを選択した状態で①、パラメータパレットの [口 開閉] に [キーの2点追加] をします②。

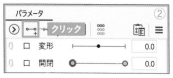

STEP03……口を動かす

「上口」「下口」を変形させて、あけ口を作っていきます。

1 今回のイラストは口を閉じているため、[口 開閉]を一番右にドラッグして、パラメータ値「1.0」のキーを選択します①。

[矢印ツール（p.18）]で、「上口」の線が「あけ口」の上唇フチに沿うように、変形パスのコントロールポイントを動かしていきます②。

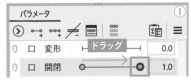

※パラメータ右側の欄に「1.0」と入力しても構いません。

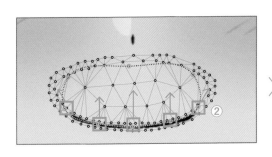
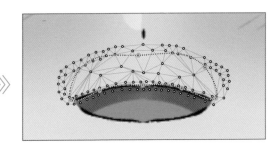

2 同じように「下口」も、線が「あけ口」の下唇フチに沿うようにコントロールポイントを動かします。

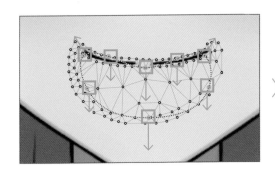
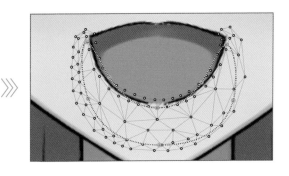

3 口の開閉の動きができました。パラメータパレットで[口 開閉]のパラメータを左右にスライドさせると、動きの確認ができます。

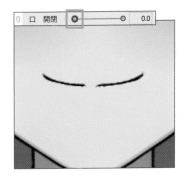
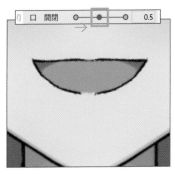
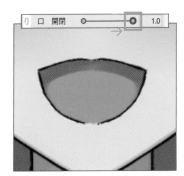

📁 live2Dbook → day2 → lv2_4.cmo3

あいうえおの口の形

発声と口の動きを合わせると、モデルのクオリティが格段にアップします。とくに、VTube Studio (p.179) を使ったインターネット配信では口の動きに注目が集まるので、ぜひとも作り込みたい箇所です。動きのパラメータ設定には個人差があるので、ここではあくまで " 私流 " の例を紹介します。

1 下図は、あいうえおの口の形の基本イメージです。

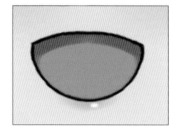

「あ」の形
ここまでで作成したあけ口と同じ形。

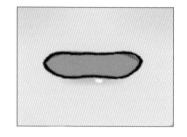

「い」の形
口の端を左右に引っ張ったようなイメージ。

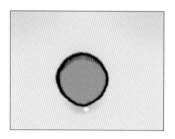

「う」の形
唇を尖らせて、すぼませるイメージ。

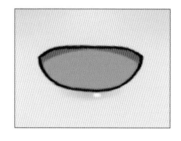

「え」の形
「あ」と「い」の中間くらいのイメージ。

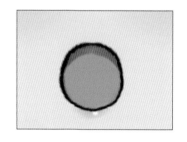

「お」の形
左右には広がらずに大きく口を開けるイメージ。

2 閉じ口はデフォルトのものでも良いですが、せっかくなのでいくつかパターンを作成していきます。への字の形①、①と③の中間の形②、薄っすらとほほ笑んだ形③です。

3図は、**1**、**2**の口の形をパラメータのどこに設定するかを表したものです。
［口 開閉］と［口 変形］のパラメータを使って、複雑な口の動きを表現していきます。

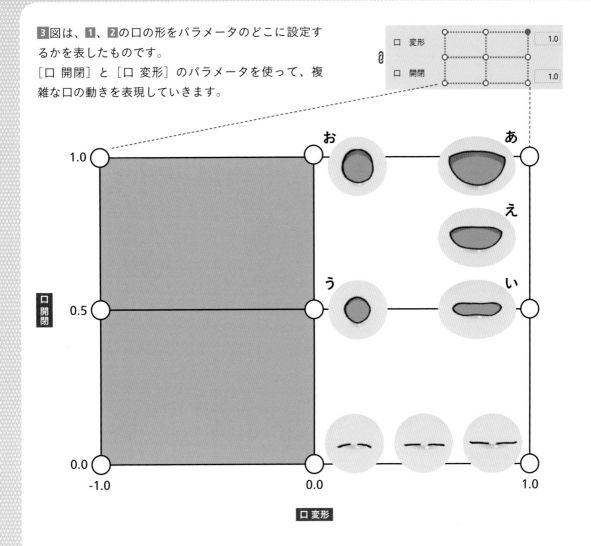

☑ CHECK

VTube Studioで認識しづらいパラメータ値

上図の紫色の領域は、［口 変形］のマイナスの値です。この領域は、VTube Studioでリップシンク（口パク）が認識しづらいパラメータになっています。そのため、今回はマイナスの値となる部分にパラメータを設定していません。

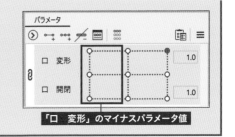

「口 変形」のマイナスパラメータ値

☑ CHECK

口の形は人によって誤差がある

紹介している口のパラメータ設定はあくまで一例による目安です。人によって口の大きさや形、話し方が異なるため、ここで紹介する設定を行ったからといって、必ずしもこのパラメータ値で「あいうえお」となるわけではありません。
Live2D Cubism Editor上の設定はもちろん、VTube Studioでのトラッキング設定で自分に最適な動きとなる設定を見つける必要があります。

4 口の開閉を作成したときは、「上口」「下口」「あけ口」の部位で構成されていました。ここでは、より細やかな動きを作成するために、「上線」「上口」「下線」「下口」「あけ口」の部位に分けています。

※完成度を高めるために、口の線の一部を消すための「線画消し」、唇のツヤを表現するための「下唇 赤み」「下唇 hi」の部位も用意しています。

👁 ○		✓📁 口	500
👁 ○		線画消し	600
👁 ○		上線	600
👁 ○		下線	600
👁 ○		下唇　hi	600
👁 ○		下唇　赤み	600
👁 ○		上口	600
👁 ○		下口	600
👁 ○		あけ口	600

口の構成

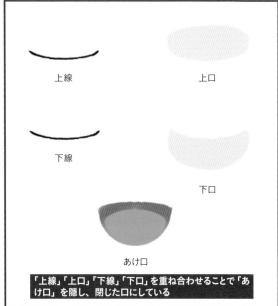

上線

上口

下線

下口

あけ口

「上線」「上口」「下線」「下口」を重ね合わせることで「あけ口」を隠し、閉じた口にしている

5 「上線」「下線」に線を囲うようなメッシュを作成し①、線の上を通すように変形パスを設定していきます②。
「上口③」と「下口④」も同様です。

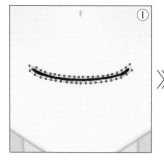
①

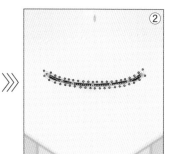
②

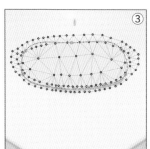
③

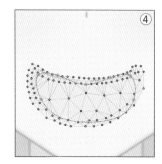
④

6 ［口 開閉］と［口 変形］のパラメータに 3 点のキーを追加します。すべての口のアートメッシュに設定します。

アートメッシュとパラメータを選択した状態で、［キーの 3 点追加］をクリックします①。

パラメータパレットの［口 変形］の左側にある［結合］ボタンをクリックすると、［口 開閉］と結合します②。

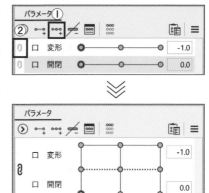

☑ *CHECK*

パラメータの結合

各パラメータの左側にある［結合］ボタンをクリックすると、下のパラメータと結合できます。

今回でいうと、［口 変形］と［口 開閉］の 2 つのパラメータを結合しました。たとえば、［口 開閉］のパラメータ値が「0.3」、［口 変形］のパラメータ値が「1.0」の位置にキーを打って動きを設定したい場合など、直感的な操作ができます。

横軸が上のパラメータのスライダー（口 変形）、縦軸が下のパラメータのスライダー（口 開閉）を表しています。

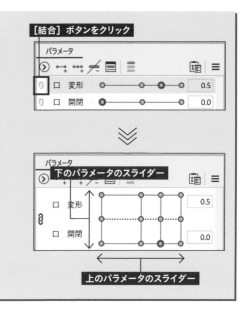

---

7 「あ」の形を作成します①。

［口 開閉］のパラメータ値「1.0」、［口 変形］のパラメータ値「1.0」を選択します。

各部位の変形パスのコントロールポイントを動かして②、「あ」の形にします③。

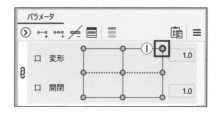

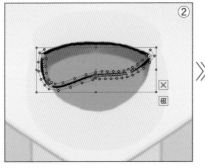

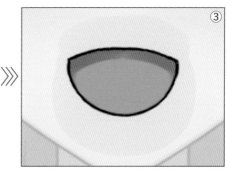

8「い」の形を作成します。

［口 開閉］のパラメータ値「0.5」、［口 変形］のパラメータ値「1.0」を選択し①、各アートメッシュを変形させます②。

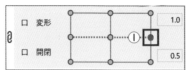

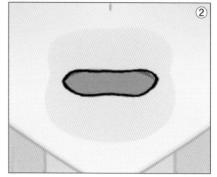

9「う」の形を作成します。

［口 開閉］のパラメータ値「0.5」、［口 変形］のパラメータ値「0.0」を選択し①、各アートメッシュを変形させます②。

尖らせた口を表現するために、ひし形を意識した形にすることがポイントです。

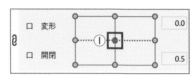

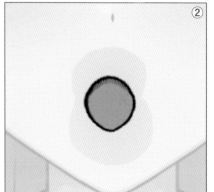

10「お」の形を作成します。

［口 開閉］のパラメータ値「1.0」、［口 変形］のパラメータ値「0.0」を選択し①、各アートメッシュを変形させます②。

「う」の形よりも大きく丸く開いているのがポイントです。

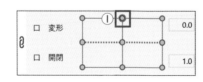

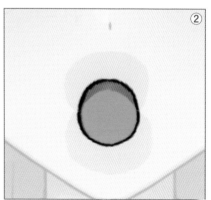

11「え」の形は、「あ」と「い」の中間の形です。

［口 開閉］のパラメータ値「0.8」①、［口 変形］のパラメータ値「1.0」に自動で形が補間されています②。

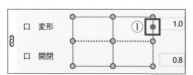

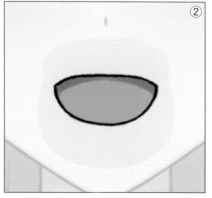

12 閉じ口は、「上線」と「下線」を同じ形に変形させます。［口 開閉］のパラメータ値「0.0」、［口 変形］のパラメータ値「0.0」がへの字の形①、［口 開閉］のパラメータ値「0.0」、［口 変形］のパラメータ値「1.0」が薄っすらとほほ笑んだ形です②。

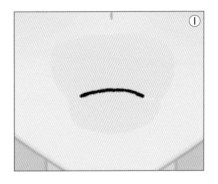

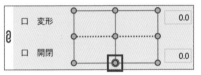

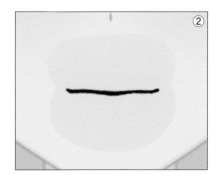

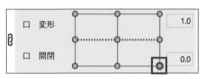

13 動きの設定がいったん終わったので、不自然なところがないか確認していきます。

［口 開閉］のパラメータ値「0.0 ～ 1.0」、［口 変形］のパラメータ値「0.0 ～ 1.0」の範囲をぐりぐりとドラッグしてみましょう。口がパクパクと動くはずです。

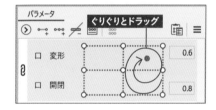

パラメータをドラッグして、口の動きを確認

14 動きの確認をしたところ、［口 開閉］のパラメータ値「0.0」、［口 変形］のパラメータ値「0.0」がへの字の形から、［口 開閉］のパラメータ値「0.5」、［口 変形］のパラメータ値「0.0」の「う」の形になる過程がスムーズに動いていませんでした。そのため、キーを追加して修正していきます。

各部位を選択した状態で、［口 開閉］のパラメータ値「0.3」、［口 変形］のパラメータ値「0.0」の位置に［キーフォーム追加］をします①。

新たにキーが追加されるので②、そのパラメータ値の口の形を修正します③。

ほかにも違和感のある場所があれば適宜修正します。

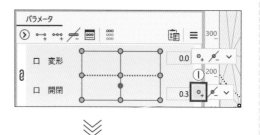

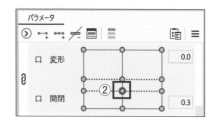

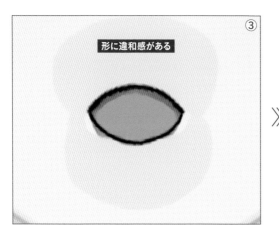

③ 形に違和感がある ≫ 自然な形に修正

任意のキーを追加

パラメータのキーは、好きな位置へ追加することもできます。

パラメータのスライダーをドラッグし、任意のパラメータ値を選択するか、パラメータ右側の欄をクリックします①。

すると、ポップアップが表示されるので、［キーフォーム追加］ボタンをクリックします②。

選択したパラメータ値の場所に、キーが追加で打たれます③。

なお、②のポップアップが表示されないときは、一度ソフトウェア上のなにもないところをクリックしてから①の操作を行ってください。

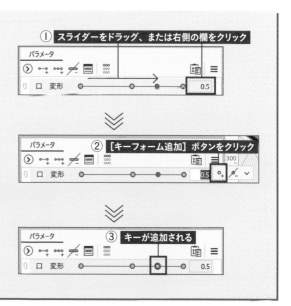

① スライダーをドラッグ、または右側の欄をクリック

15 最後にひと手間加えて、クオリティをアップ
させていきます。

オブジェクト「線画消し」で、閉じ口のときに
口の線の中央を薄っすらと消します①。

下唇のツヤとハイライトは、女性らしさをアッ
プするワンポイントとして効果的です②。

これらも口の形に合わせて変形し、動きをつけ
ていきます③。

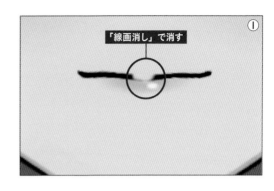

「線画消し」で消す　①

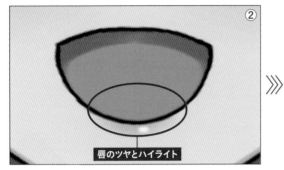

②　唇のツヤとハイライト

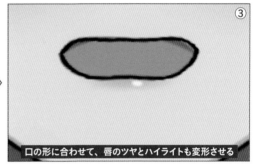

③　口の形に合わせて、唇のツヤとハイライトも変形させる

☑CHECK

歯を追加する

好みで歯を追加するのもオススメです。とくに「い」の口の形は、歯が見えることで表情が豊かに見えます。
下図は歯を追加したあいうえおの口の形ですが、今回は白い歯に少し線画をのせて上の歯と下の歯がわかりや
すいように作成してみました。歯を隠すためのオブジェクトで歯の接点を消すような表現にしています。

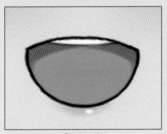

「あ」の形

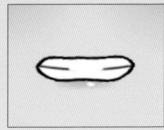

「い」の形

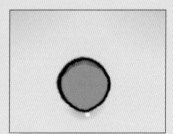

「う」の形

「え」の形

「お」の形

🗂 live2Dbook → Finish → インターネット配信用モデル2 → oni.cmo3

ワンランク上の口の作り方

前ページまでで基本的な口の作り方を解説しましたが、さらに一歩進んだワンランク上の作り方を解説します。ここで解説する作り方の最大のメリットは「調整する部位の数を減らして作業工数を減らす」ことです。

昨今は表情差分に合わせてあいうえおの口の形を変形しているようなモデルが増えており、動きに合わせたモデルの調整をする箇所が非常に増えてきています。そこで、口の中の歯や舌などを別の部位にしつつ、クリッピングマスク機能（p.50）を使ってそれらを表示する場所を制御し、結果的にマスクのみの調整でほかの部位も一緒に調整されるようにします。

1 口を構成は、「上口線画」「下口線画」「唇」「上歯」「下歯」「舌」「口中」、そして「マスク」に分けています。

口の構成

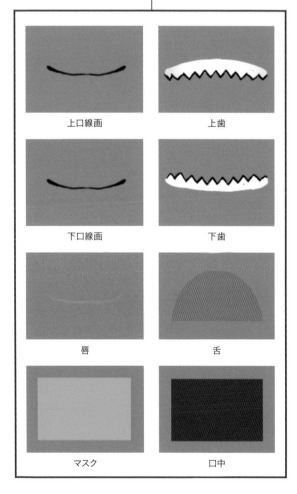

上口線画	上歯
下口線画	下歯
唇	舌
マスク	口中

☑ *CHECK*

マスクの色について

緑色にしていますが、わかりやすい色であれば何色でも構いません。

2 先に「上口線画」「下口線画」の線画のみであいうえおの口の形を作ります。「上口線画」「下口線画」それぞれのメッシュ編集モード（p.17）で、ツール詳細パレットの［ストロークによるメッシュ割り］（p.47）を選択します①。

線画上をストロークして、メッシュを作成します②。

［変形パスツール］（p.53）を選択し③、コントロールポイントを打って変形パスを作成します④。

変形パスのコントロールポイントをドラッグして口の形を作成します。［口 開閉］と［口 変形］のパラメータを⑤のように設定しました。パラメータ値「0.7」と「1.0」で「あ」の口の形に差を出せるようにしています。

「上口線画」と「下口線画」にメッシュを作成

［変形パスツール］を選択

「上口線画」と「下口線画」に変形パスを作成

☑CHECK

オブジェクトを非表示にする

歯や舌などの作業中以外のオブジェクトを非表示にすることで、見やすくしています。

パーツパレットやデフォーマパレットの ◉ をクリックすることで非表示にできます。

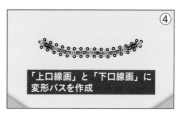

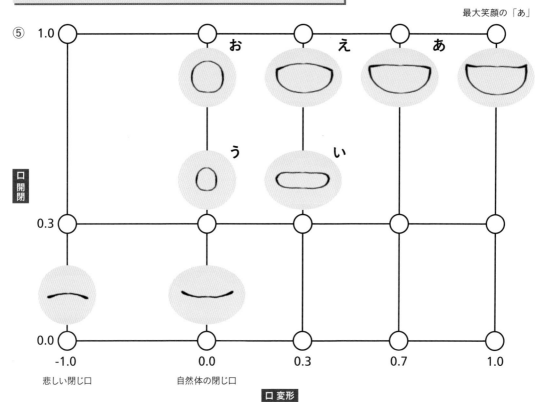

3［口 開閉］と［口 変形］のパラメータ値をそれぞれ「0.0」にし、デフォルトである自然体の閉じ口の形にします。

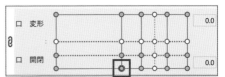

デフォルトの閉じ口

4「マスク」を表示させ、「上口線画」を「マスク」の上部あたりに変形しながら移動させます。変形パスのコントロールポイントをドラッグして行います。「上口線画」を Ctrl + C でコピーをします（この時点ではペーストをしません）。

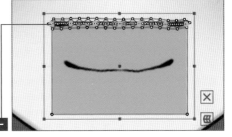

「上口線画」を変形させながら移動した後にコピー

5「マスク」を選択します①。メッシュの編集モードに切り替えます②。ツール詳細パレットで［頂点の追加］になっていることを確認します③。**4**でコピーした「上口線画」を Ctrl + V でペーストします。メッシュの編集モードでペーストを行うと、「上口線画」のメッシュのみをペーストできます。このメッシュを「マスク」の上部あたりに変形させていきます④。

メッシュの編集モードにする

このツールが選択されていることを確認

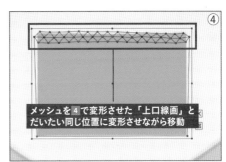

メッシュを**4**で変形させた「上口線画」とだいたい同じ位置に変形させながら移動

6ツール詳細パレットで［頂点とエッジ（線）の削除］か［消しゴム］ツールを選択し①、不要なメッシュを削除します②。

この部分のメッシュを削除

7 「下口線画」も**4**～**6**の工程で「上口線画」と同じようにします。

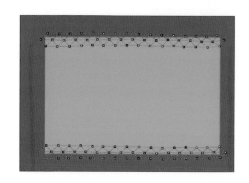

8 「上口線画」「下口線画」の線画のメッシュと「マスク」のメッシュの中央の頂点が大体同じ位置にくるように調整します。

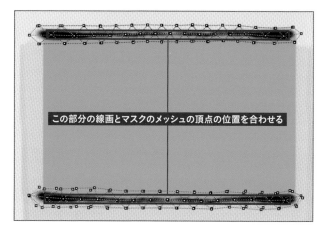

この部分の線画とマスクのメッシュの頂点の位置を合わせる

9 線画とマスクをグルー機能（p.202）でつなげていきます。「上口線画」「マスク」の2つを選択した状態で①、メッシュの手動編集モードにします②。ツール詳細パレットで［投げ縄選択］を選択します③。
「上口線画」「マスク」を見ると少しずれていますがあまり気にせず、真ん中の頂点を囲うように選択します④。

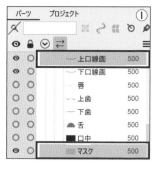

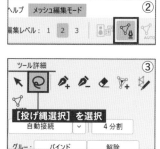

この部分を選択

☑CHECK

真ん中の頂点がうまく選択できないときのコツ

［投げ縄選択］で真ん中の頂点をうまく選択できない場合は、なるべくビューを拡大して作業しましょう。一気に頂点を囲わなくても、 Shift を押しながら囲っていけば、頂点の選択を追加できます。

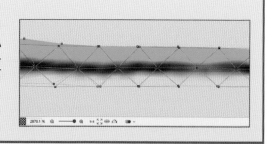

10 ツール詳細パレットの［バインド］ボタンをクリックします①。グルー機能により、「上口線画」「マスク」がバインド（吸着）してつながります②。
「下口線画」も同じようにします。

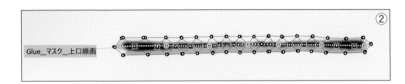

11 グルー機能で「上口線画」と「下口線画」を「マスク」とバインドしたら、「マスク」のみグルーしていない頂点を削除します。そして、右図のように新たにメッシュを作成します。右図のようにメッシュを割ることで、「マスク」を細かく変形できるようになります。

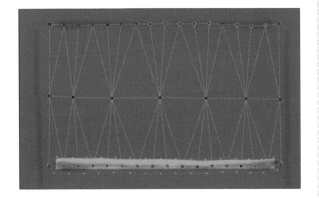

12 「上口線画」を選択し、［モデリング］メニュー→［フォームの編集］→［元の形状に戻す］を選択します①。口の形がメッシュを含めてデフォルトの口の形に戻ります。
「下口線画」も同じようにデフォルトの口の形に戻します。
グルー設定をしているため、「マスク」も口の形に合わせて変形されますが、②のように線画からはみ出た状態になってしまいますが、いったんこのまま進めます。

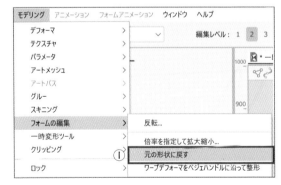

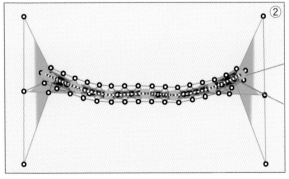

13 グルーの重みを調整をして、マスクが線画にぴったりと合うようにします。

[グルーツール]を選択します①。

ツール詳細パレットで[グルーの重み A]を選択します②。

「上口線画」「下口線画」の上をドラッグしてなぞり、線画側にグルー重みを寄せます③。

[グルーツール]を選択

☑CHECK

グルーの重み

バインドされた「重なった頂点」が、2つのアートメッシュのどちらに影響が強いかの設定です。重み（影響力）は、0〜100%の間で調整できます。

ツール詳細
重み　11.2 %
ブラシサイズ　100.0 px
重みの不透明度　30
B+ドラッグでブラシサイズ変更

[グルーの重み A]を選択

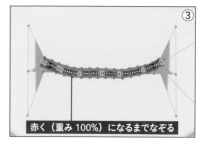

赤く（重み 100%）になるまでなぞる

14 マスクの形を、線画の下に隠すように調整します①。これで、口がどのような形になっても、線画の内側が「マスク」で覆われる状態になります②。

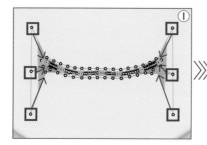

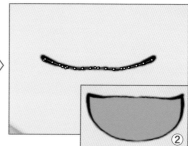

15 インスペクタパレットで「マスク」の[ID]をコピーし①、「上歯」「下歯」「舌」「口中」の[クリッピング]欄にコピーした ID をペーストします②。これで、「上歯」「下歯」「舌」「口中」は、「マスク」の範囲内でしか表示されなくなります。口の形に合わせて形を調整する必要のある箇所が減るため、作業工数が大幅に減ります。

インスペクタ
名前　マスク
ID　ArtMesh22
パーツ　口

インスペクタ
名前　上歯
ID　ArtMesh16
パーツ　口
デフォーマ　上歯
クリッピング　ArtMesh22

☑CHECK

作業工数やミスを減らす

こういった場合の調整を気にすることなく作業ができる

この作り方は作業工数が減ることに加え、ミスも減ります。たとえば、p.60 の口の作り方だと、下や斜め下を向いたときに口を隠すための肌がはみ出てしまうといったことが起こり得ますが、この作り方はマスク内でのみ表示されるため、そういった心配をする必要がありません。気をつける箇所が少ないと、それだけミスも減ります。

Day3

ワープデフォーマを
使った動きの作成

大きな部位や複数の要素で構成される部位を動かしたいときに、アートメッシュ
をちまちまと変形させていくのでは骨が折れます。
そんなときに便利な「ワープデフォーマ」の使い方をマスターしましょう。

この日にできること

- ☑ ワープデフォーマの作成
- ☑ デフォーマの親子関係を知る
- ☑ 顔の輪郭の X 軸と Y 軸の作成
- ☑ 瞳の動きの作成
- ☑ 眉毛の動きの作成
- ☑ 目の X 軸と Y 軸の作成
- ☑ 口の X 軸と Y 軸の作成
- ☑ 鼻の X 軸と Y 軸の作成
- ☑ 耳の X 軸と Y 軸の作成
- ☑ 顔の動きの自動生成
- ☑ あごの表現を加える

01 顔まわりの動きをつける

顔まわりを上下左右、そして斜めに動かしていきます。「ワープデフォーマ」を設定して、[角度X]と[角度Y]のパラメータ（p.52）を設定していきます。

ワープデフォーマとは？

ここまでは、変形パスを使ったり、メッシュの頂点1つひとつを動かすことで各部位のアートメッシュ（p.36）を変形させて、動きを作成してきました。まつ毛や口などの細かい動きが必要な小さな部位はこの方法でいいのですが、均等な比率で動かしたい部位や大きな部位を動かしたいときには手間がかかってしまいます。

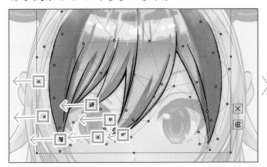 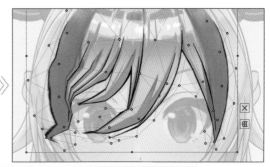

たとえば、前髪を揺らそうと思ったときに、頂点1つひとつを動かして綺麗に変形させるのは難しい

そんなときに便利なのが「デフォーマ」です。デフォーマを使うと、頂点をまとめて動かすことができるため、手間を減らしながら変形できます。

Live2D Cubism Editorでは大きく2種類のデフォーマがあり、そのうちの1つが「ワープデフォーマ」です。

親（p.81）となるワープデフォーマの中にアートメッシュを入れると、ワープデフォーマを動かすだけで中にあるアートメッシュを綺麗に変形できます。複数のアートメッシュをまとめてワープデフォーマで変形させることもできるので、髪や服の揺れ、顔の向きを変える動きをつける際に便利です。

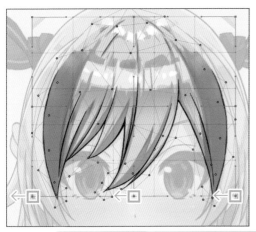 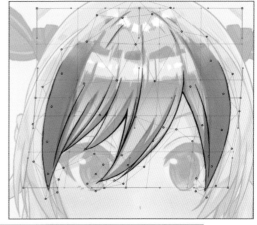

ワープデフォーマの動きに連動して、中のアートメッシュも一緒に変形されるので、自然な動きが作成できる

ワープデフォーマの作成方法

ワープデフォーマに入れたいアートメッシュを選択します①。

ツールバーの［ワープデフォーマの作成］をクリックします②。

［ワープデフォーマを作成］ダイアログが表示されるので、［選択されたオブジェクトの親に設定］にチェックが入っていることを確認し③、［作成］ボタンをクリックします④。

選択したアートメッシュに応じたサイズのワープデフォーマが作成されます。緑枠がワープデフォーマです⑤。

※ここでは、「前髪」をワープデフォーマに入れます。

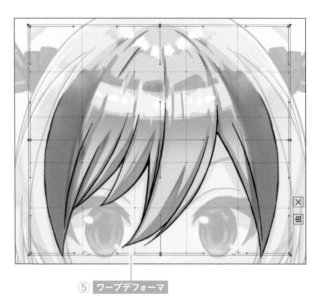

⑤ ワープデフォーマ

☑CHECK

ワープデフォーマの修正

ワープデフォーマだけを修正するには、［矢印ツール（p.18）］でバウンディングボックスかコントロールポイントをドラッグする際に、キーボードのキーを組み合わせます。

Ctrl ＋ドラッグ
バウンディングボックス：移動・拡大・回転、コントロールポイント・分割点：コントロールポイントの移動

Ctrl ＋ Shift ＋ドラッグ
バウンディングボックス：アスペクト比を保ったまま変形、コントロールポイント・分割点：水平か垂直にのみ移動

Ctrl ＋ Alt ＋ドラッグ
バウンディングボックス：中心付近で変形、コントロールポイント・分割点：操作なし

Ctrl ＋ Shift ＋ Alt ＋ドラッグ
バウンディングボックス：アスペクト比を保ったまま中心付近で変形、コントロールポイント・分割点：操作なし

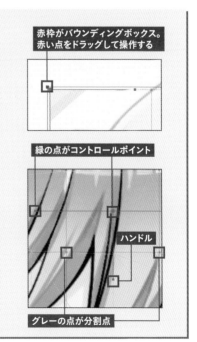

赤枠がバウンディングボックス。赤い点をドラッグして操作する

緑の点がコントロールポイント

ハンドル

グレーの点が分割点

ワープデフォーマを使った変形方法

［矢印ツール (p.18)］で、ワープデフォーマのバウンディングボックス・コントロールポイント・分割点をドラッグします①。
ワープデフォーマと連動して、アートメッシュも動きます②。

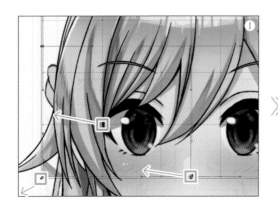 

デフォーマパレット

デフォーマを管理するのが「デフォーマパレット」です。作成したデフォーマの中にどのアートメッシュが入っているのかが、入れ子のような階層になって表示されています。

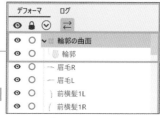

デフォーマとアートメッシュの関係が階層で表示されている

デフォーマパレット

☑CHECK

アートメッシュを後からデフォーマに入れる

すでに作成されているデフォーマの中に、後から別のアートメッシュを入れることもできます。追加で入れたアートメッシュは、デフォーマと連動して動きます。パーツパレットかデフォーマパレットで入れたいアートメッシュを選択し、デフォーマにドラッグ＆ドロップします。

アートメッシュを選択し、インスペクタパレットの［デフォーマ］の項目で、任意のデフォーマを選択することでもできます。

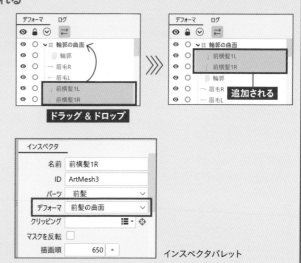

ドラッグ＆ドロップ

追加される

インスペクタパレット

親子関係とは？

ワープデフォーマや回転デフォーマの中にはアートメッシュが入っている状態になりますが、上位の階層にあるデフォーマを「親」、下位の階層にあるアートメッシュを「子」と呼びます。これが「親子関係」です。

デフォーマパレットは、デフォーマやアートメッシュといったオブジェクト（p.52）を階層表示することで、この親子関係を視覚的にわかりやすくしています。

「親」のデフォーマを変形させると、中の「子」であるアートメッシュも連動して変形されます。

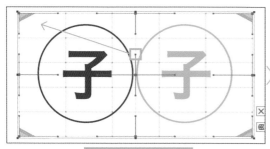
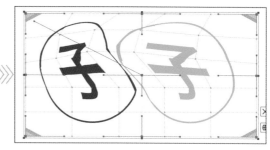

「親」のデフォーマを変形

「子」のアートメッシュだけを変形させた場合、「親」であるデフォーマには影響がありません。

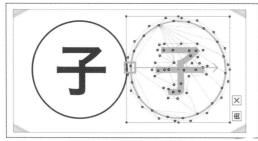
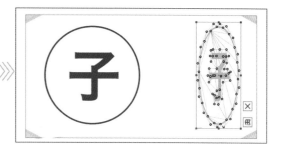

「子」のアートメッシュを変形

☑CHECK

深い階層の親子関係

デフォーマの中にデフォーマを入れて、階層を深くしていくこともできます。その場合、上位のデフォーマが「親」、下位のデフォーマがその「子」という扱いになります。「親」の影響は下位の「子」にしか影響しないため、たとえば右図の場合、[回転]デフォーマを動かしたときに、下位の「ワープ1」デフォーマや「子アートメッシュ1」「子アートメッシュ2」は連動して動きますが、上位の「ワープ2」デフォーマは動きません。

STEP01……顔の輪郭に左右の動きをつける

Day2 でメッシュを自動分割した顔の輪郭に「ワープデフォーマ」を設定して、まずは左右を向いたとき
の動きをつけていきます。どの部位を動かすときもここでの設定と操作が基本となるので、しっかりと覚え
ましょう。

1 パーツパレットから「輪郭」
を選択します。ビュー上でも
選択された状態になります。

☑ CHECK

メッシュの調整

自動分割したメッシュは、必
要に応じて［メッシュの手動
編集（p.37）］で調整します。

パーツパレット

顔の輪郭が選択された状態

2 ツールバーの［ワープデフォー
マの作成］をクリックします①。
［ワープデフォーマを作成］ダイア
ログが表示されるので、［作成］ボ
タンをクリックします②。このと
きのデフォーマの「変換の分割数」は 6 × 5、「ベジェの分割数」
は 2 × 2 とします③。これは、アートメッシュをどれだけな
めらかに動かしたいかによって変わってきますが、数値が高い
ほどデータ容量が大きくなるため、注意が必要です。

☑ CHECK

ベジェの分割数と変換の分割数

ベジェの分割数は、編集できるコントロールポイント（p.79）
で区切られた分割数です。デフォーマ大枠の横×縦の分割数
と捉えてください。数が多いほどコントロールポイントやハンド
ル（p.79）が多くなり、細かな変形ができます。縦長のアート
メッシュが 2×3、横長アートメッシュが 3×2、縦横比が同じ
くらいのものは 2×2 か 3×3 にするのがオススメですが、あく
まで目安です。
変換の分割数は、分割点（p.79）による分割数です。数が
多いほどデフォーマの形に沿った変形ができます。大きな値に
すると動作が重くなる可能性があるので、5×5、6×5、5×
6 に設定するのがオススメです。

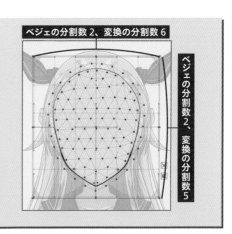

3 デフォーマパレットに「輪郭」を子とした親デフォーマ「輪郭の曲面」が作成され、輪郭をワープデフォーマに入れた状態になりました。この状態でデフォーマを変形させると、輪郭のアートメッシュも変形するため、動きをつけられます。

デフォーマパレット

デフォーマ（緑の格子）

☑CHECK

デフォーマ作成後の設定変更

デフォーマを作成した後にデフォーマの名前やベジェの分割数などを変更したい場合も出てくるでしょう。そんなときは設定を変更したいデフォーマを選択し、インスペクタパレットで変更することが可能です。

4 ［角度X（X軸）］にパラメータを登録して動きをつけていきます。

デフォーマパレットで「輪郭の曲面」を選択します①。

パラメータパレットで［角度X］を選択し②、［キーの3点追加］ボタンをクリックします③。追加された3点は左から顔が画面左を向いたとき、正面、右を向いたときです④。

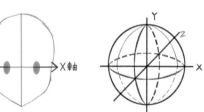

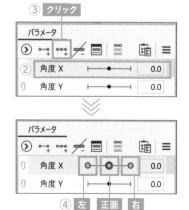

5 画面左を向いたときの動きを設定していきます。［角度X］を一番左にスライドします。うまく一番左にできない場合は、右側のパラメータ値に「-30.0」と入力します。

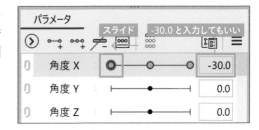

6 5 の状態でデフォーマのコントロールポイントをドラッグして顔の輪郭を変形させていきます。形を作るときはアートメッシュ自体の形はあまり見ず、デフォーマのコントロールポイントをパースを意識して変形させるのがコツです。輪郭に関していえば、イラストの斜め向きを描く際に顔の中心に十字のアタリを描くと思いますが、それを意識して形をとります。

顔が画面左を向いたときの動きなのでコントロールポイントを左側に引っ張りつつ、奥側（左側）は少し狭く、手前（右側）は広くなるように変形させます。

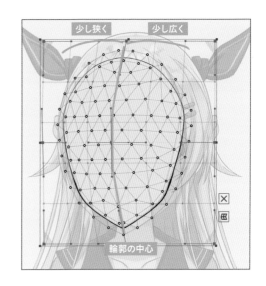

☑CHECK

選択したオブジェクトだけを表示する

ビューの上部にある［Solo 表示機能］ボタンをクリックすると、選択したオブジェクトだけを表示できます。
たとえば、パーツパレットかデフォーマパレットで輪郭のアートメッシュとデフォーマを Shift を押しながら2つ選択し、［Solo 表示機能］ボタンをクリックすると、輪郭のアートメッシュとデフォーマだけが表示されて髪や目で隠れていた部分の動きも確認できます。

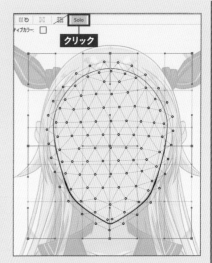

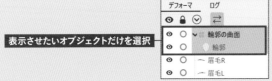

7 画面右を向いたときの動きも作っていきます。このとき、「動きの反転」を使用すれば、左を向いたときと同じ形状を綺麗に反転してくれるため時短になります。

パラメータ［角度 X］の左のキーを選択し①、パレットメニュー ≡ をクリック②、［動きの反転］を選択します③。

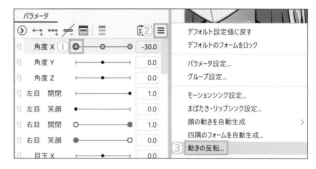

8 ［反転設定］ダイアログが表示されます。基本設定の［水平方向に反転］にチェックが入っていることを確認し①、［OK］ボタンをクリックします②。

9 ［角度 X］のパラメータを右側にスライドさせると①、形状が綺麗に反転されたことがわかります②。

これで「輪郭」の左右の動きは完成です。

☑CHECK

デフォーマを操作しやすくするには？

デフォーマ（緑枠）の外側にある赤枠（バウンディングボックス）は、アートメッシュそのものの移動や大きさを変更するための枠です。デフォーマのコントロールポイントやハンドルを動かそうとしたときに、この赤枠を触ってしまうことがありますが、赤枠の右側にある［×］をクリックすると赤枠を消すことができます。誤ってアートメッシュそのものを移動させてしまったというようなミスがなくなります。

デフォーマ（緑枠）のだけが表示される

上を向いたとき、下を向いたときの顔の輪郭の動きを設定していきます。パラメータの設定手順は、基本的に左右の動きをつけたときと同じです。

1 ［角度Y（Y軸）］にパラメータを登録して動きをつけていきます。

左右の動きを設定したときと同じように、デフォーマパレットで「輪郭の曲面」を選択します①。

パラメータパレットで［角度Y］を選択し②、［キーの3点追加］ボタンをクリックします③。追加された3点は左から顔が下を向いたとき、正面、上を向いたときです④。

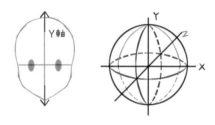

 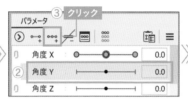 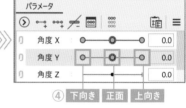

2 下を向いたときの動きを設定していきます。［角度Y］を一番左にスライドします（パラメータ値に「-30.0」と入力しても構いません）。

なお、このとき［角度X］のパラメータは「0.0」にして、輪郭を正面に戻しておきましょう。

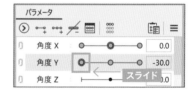

3 デフォーマのコントロールポイントをドラッグして顔の輪郭を変形させていきます。各コントロールポイントを下側に引っ張って、下を向いたときの立体感を意識しつつ、あごが下に突き出たような感じにします。

コントロールポイント（緑の点）をドラッグ

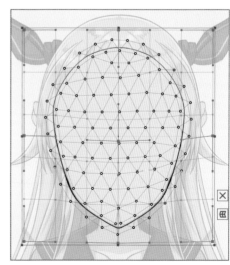

4 次に上を向いたときの動きを設定していきます。パラメータ［角度Y］を一番右にスライドします（パラメータ値に「30.0」と入力しても構いません）。

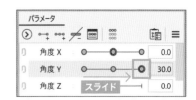

5 **3** の下向きのときとは逆に、あごが引っ込むように変形させていきます。また、奥（頭側）が狭く、手前（あご側）が広くなるようにすると、顔を上に向けたときのパースによる立体感を表現できます。

コントロールポイント（緑の点）をドラッグ

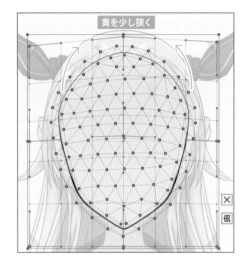

奥を少し狭く

☑ *CHECK*

デフォーマの中のアートメッシュを動かす

p.85のCHECK「デフォーマを操作しやすくするには？」では、誤ってアートメッシュの移動などをせずにデフォーマを操作しやすくする方法を解説しました。逆にアートメッシュの位置を変えたいといった場合、操作はどうするかというと、デフォーマ枠（緑枠）の外側にある赤枠（バウンディングボックス）を表示させ、マウスカーソルが ✛ だけに変わったときにドラッグすると、アートメッシュの移動ができます。

たとえば、輪郭に上下の動きをつけたいときなどは、先にアートメッシュそのものを大きく動かしてから、デフォーマの細かい調整をするといった方法もあります。

なお、赤枠はパラメータのキーとなる値（0.0や30.0など）が選択されていないと表示されないので注意してください。

デフォーマの中心部分にマウスカーソルを持っていき、カーソルが変わったところでアートメッシュを移動させたい方向にドラッグ

ドラッグ

Day 3　ワープデフォーマを使った動きの作成

右上、右下、左上、左下を向いた斜めの顔を作っていきます。角度X（左右）と角度Y（上下）ができた後に［四隅のフォームを自動生成］機能を使うと、自動的に綺麗な斜めを向いた顔にしてくれます。

1 デフォーマパレットで「輪郭の曲面」を選択します。

2 パラメータパレットのパレットメニュー ≡ をクリックし①、［四隅のフォームを自動生成］を選択します②。

3 ［四隅のフォームを自動生成］ダイアログが表示されます。パラメータ1が［角度X］、パラメータ2が［角度Y］になっていることを確認し①、［OK］ボタンをクリックします②。
すると、パラメータの最小値（-30.0）、最大値（30.0）、真ん中（0.0）の3点をもとにして自動的に斜め方向の動きが作成されます。

4 自動生成した顔の動きを確認してみましょう。パラメータパレットの［角度X］の左側にある［結合］ボタンをクリックすると①、［角度Y］と結合します②。

5 結合した［角度 X］と［角度 Y］のパラメータをドラッグして動かすと、顔の動きを確認できます。

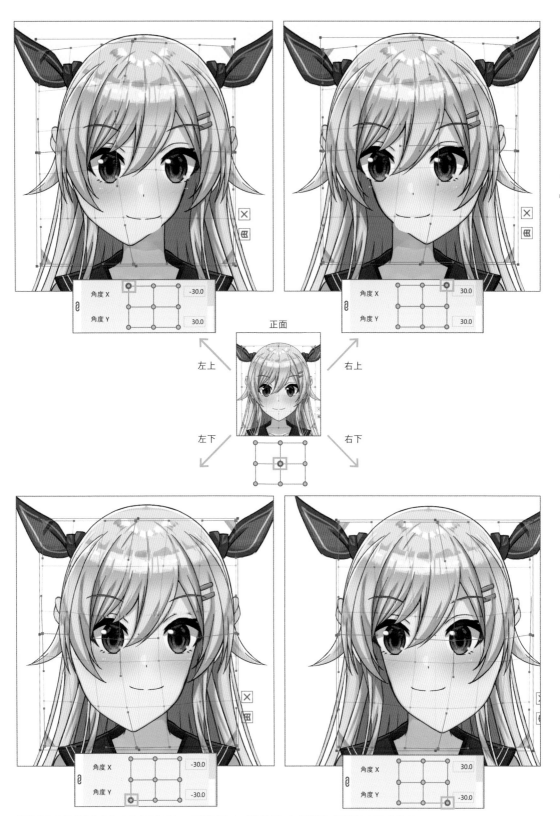

※この先の作業をやりやすくするために、［角度 X］と［角度 Y］の［結合］を解除しておきます。

02　目と眉毛を動かす

瞳の動きと輪郭の動きに連動した目全体、眉毛の動きを作成していきます。

📁 live2Dbook ➜ day3 ➜ lv3_2.cmo3

STEP01……瞳に動きをつける

瞳をぐりぐりと動かせるようにしていきます。輪郭と同じようにワープデフォーマを使います。

1 「瞳」と「目HL（ハイライト）」のアートメッシュを選択し、ワープデフォーマ「右瞳の曲面」を作成します①。
「右瞳の曲面」を選択した状態で、［目玉X］［目玉Y］それぞれのパラメータに［キーの3点追加］をします②。

2 パラメータに瞳の動きを設定していきます。まずは、瞳のX軸です。［目玉X］のパラメータ値「-1.0」を選択します①。ワープデフォーマの赤枠（バウンディングボックス）を表示した状態で、マウスカーソルが✛だけに変わったときに左側へドラッグします②。瞳を移動できます③。

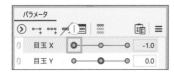
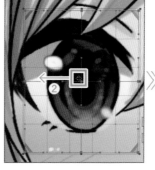
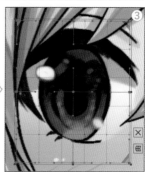

3 ほかのパラメータにも動きをつけていきます。［目玉X］のパラメータ値「1.0」は瞳を右側に動かします①。［目玉Y］のパラメータ値「-1.0」は下側②、「1.0」は上側③に動かします。

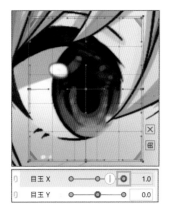
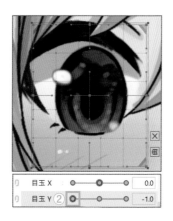
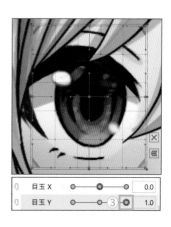

STEP02……目を顔の輪郭に合わせて動かす

目を構成するオブジェクトをまとめてワープデフォーマに入れ、顔の輪郭の動きと連動させていきます。

1 STEP01 で作成したワープデフォーマ「右瞳の曲面」を含む、目を構成するオブジェクトをすべて選択し、ワープデフォーマ「右目の曲面」を作成します。

2「右目の曲面」を選択した状態で、[角度 X][角度 Y]それぞれのパラメータに[キーの 3 点追加]をし、輪郭の動きに合わせて目を動かしていきます。
[角度 X]のパラメータ値「-30.0」を選択し①、バウンディングボックスをドラッグして目全体を移動②、さらに少し奥行きが出るように全体をつぶすような変形を加えています③。画面左に向かって目が動きました④。

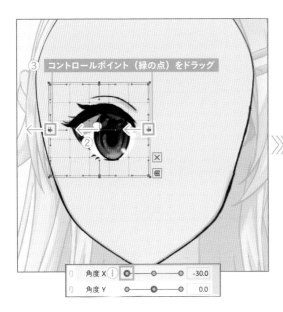

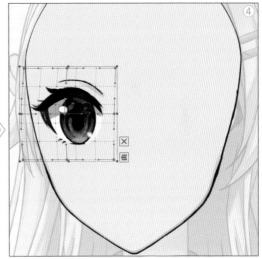

3[角度 X]のパラメータ値「30.0」を選択し①、逆方向への動きをつけます②。パラメータ中央値の形のまま、輪郭に合わせて移動させました③。

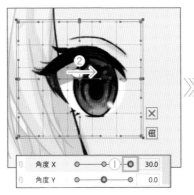

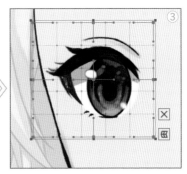

Day 3　ワープデフォーマを使った動きの作成

4 ［角度 Y］も設定していきます。［角度 Y］のパラメータ値「-30.0」を選択し①、目全体を輪郭に合わせて下に移動させます②。

続いてパラメータ値「30.0」を選択し③、上に移動させます④。上を向いたときは目を少し上方向にふくらませるような変形を加えると⑤、奥行き感が出てリアルになります⑥。

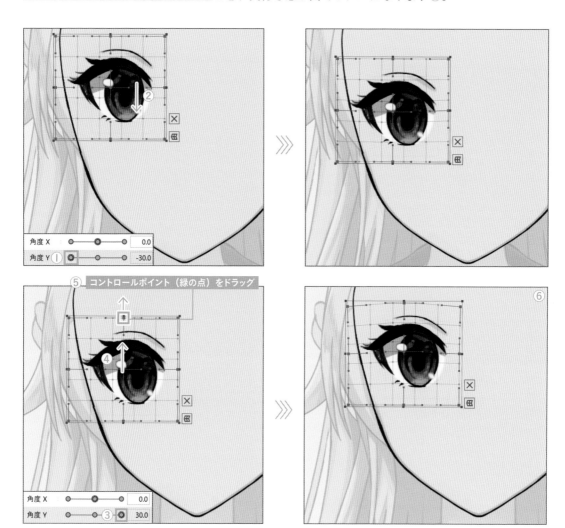

5 斜めの動きを作成します。デフォーマパレットでワープデフォーマ「右目の曲面」を選択し、「01 顔まわりの動きをつける」の STEP03（p.88）**2** と同じように［四隅のフォームを自動生成］を行います。

STEP03……眉毛に角度をつける

眉毛を動かしていきます。まずは角度をつけてみましょう。

1 「眉毛 R」を選択し、ワープデフォーマ「右眉の角度」を作成します①。「右眉の角度」を選択した状態で、［右眉角度］パラメータに［キーの 3 点追加］をします②。

2 デフォーマ赤枠（バウンディングボックス）を表示させ、マウスカーソルが ↗ に変わったときにドラッグして角度をつけます。［右眉 角度］のパラメータ値「-1.0」が下がり眉①、「1.0」が上がり眉②になるようにします。

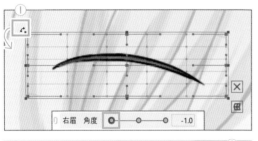 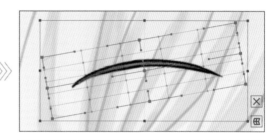
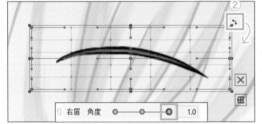 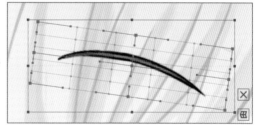

STEP04……眉毛を上下左右に動かす

眉毛を上下左右に動かせるようにしていきます。

1 「右眉の角度」を子とする、ワープデフォーマ「右眉の位置」を作成します①。「右眉の位置」を選択した状態で、［右眉上下］［右眉 左右］それぞれのパラメータに［キーの 3 点追加］をします②。

 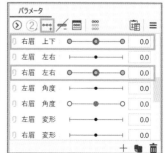

2 眉毛を動かしてみましょう。[右眉 上下]のパラメータ値「-1.0」は下側①、「1.0」は上側②に
動かします。[右眉 左右]のパラメータ値「-1.0」は左側③、「1.0」は右側④に動かします。

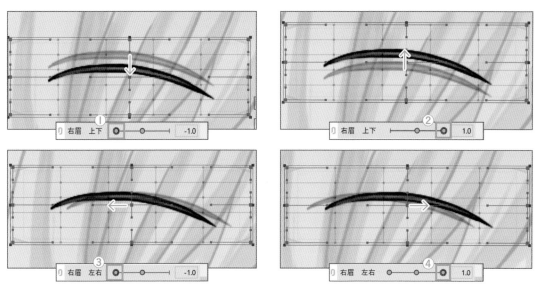

※眉毛の動きがわかるように、パラメータ設定前と後の「眉毛R」を重ねて表示しています。

STEP05……眉毛を顔の輪郭に合わせて動かす

眉毛に角度 X と Y の動きをつけていきます。動かし方は顔の輪郭と目を基準にします。

1 「右眉の位置」と「右眉の角度」を子とする、ワープデフォーマ「右
眉の曲面」を作成します①。

2 これまでと同じように［角度 X］と［角度 Y］にパラメータ
を追加し、眉毛を動かしていきます。下図は、［角度 X］のパ
ラメータ値「-30.0」のと
きの眉毛の動きです。移動
し、奥行き感が出るように
変形させています。

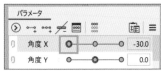

3 顔の輪郭や目と同じように、［四隅のフォームを自動生成］すると、眉毛の動きの完成です。

03 残りの顔の部位を動かす

口・耳・鼻・頬紅を動かしていきます。基本的な手順はほかの部位と同じです。

📁 live2Dbook ⇀ day3 ⇀ lv3_3.cmo3

> **STEP01……口を顔の輪郭に合わせて動かす**

口の X 軸と Y 軸の動きを設定していきます。目と同じように、口を構成するオブジェクトをまとめてワープデフォーマに入れ、顔の動きと連動させていきます。

1 口を構成するオブジェクトをすべて選択し、ワープデフォーマ「口の曲面」を作成します①。

2 「口の曲面」を選択した状態で、［角度 X］［角度 Y］それぞれのパラメータに［キーの 3 点追加］、［角度 X］のパラメータ値「-30.0」を選択し、バウンディングボックスをドラッグして口全体を輪郭の動きに合わせて移動させます①。奥行きが出るように左側をほんの少しだけ変形しています②。

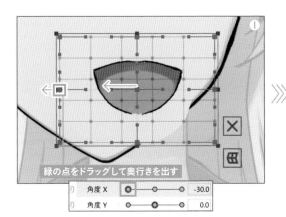

緑の点をドラッグして奥行きを出す

| 角度 X | ○ ● ○ ○ | -30.0 |
| 角度 Y | ○ ○ ● ○ | 0.0 |

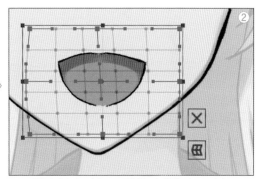

※わかりやすいように、口を開いた状態にしています。

3 ［角度 X］のパラメータ値「30.0」の口の動きは、パラメータ値「-30.0」の動きを反転させて作成します。「01 顔まわりの動きをつける」のSTEP01 の **7**（p.85）と同じように、［動きの反転］を使い、［反転設定］ダイアログで［水平方向に反転］させます①。

口の動きが綺麗に反転されました②。

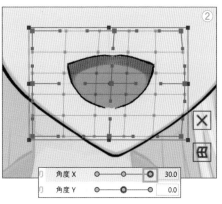

| 角度 X | ○ ○ ○ ● | 30.0 |
| 角度 Y | ○ ○ ● ○ | 0.0 |

4 ［角度Y］の動きも作成します。目と同じように、上を向いたときに上方向にふくらませるような変形を加えるとリアルになります。

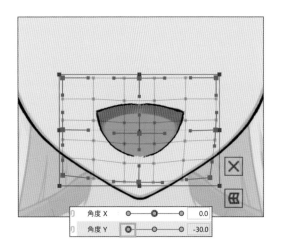
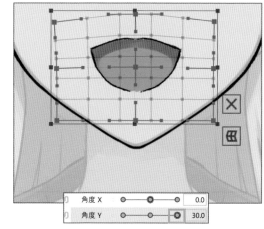

5 ［四隅のフォームを自動生成］すると、口の動きの完成です。

STEP02……耳を顔の輪郭に合わせて動かす

これまでと同じように、耳も顔の動きと連動させていきます。

1 「右耳」を選択し、ワープデフォーマ「右耳の曲面」を作成します。

2 「右耳の曲面」を選択した状態で、［角度X］［角度Y］それぞれのパラメータに［キーの3点追加］をします。［角度X］のパラメータ値「-30.0 ①」「30.0 ②」で、耳全体を輪郭の動きに合わせて移動させます。

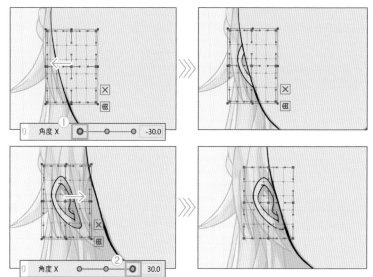

3 ［角度Y］のパラメータには上下の動きの設定をしていきます。最後に、［四隅のフォームを自動生成］で、斜めの動きを作成します。

STEP03……鼻を顔の輪郭に合わせて動かす

鼻は、輪郭だけでなく、目や口の位置も一緒に確認しながら動かしたほうがわかりやすいです。

1 鼻を構成するオブジェクトをすべて選択し、ワープデフォーマ「鼻の曲面」を作成します①。

これまでと同じように、［角度Ｘ］と［角度Ｙ］のパラメータにキーを追加し、動きを設定します②。

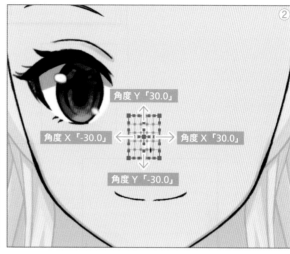

角度Ｙ「30.0」
角度Ｘ「-30.0」　角度Ｘ「30.0」
角度Ｙ「-30.0」

2 最後に忘れずに［四隅のフォームを自動生成］します。

STEP04……頰紅を顔の輪郭に合わせて動かす

頰紅はほっぺの赤みです。これがあるだけで女の子らしさが強調されます。

1 頰紅を構成するオブジェクトをすべて選択し、ワープデフォーマ「頰紅の曲面」を作成します①。

これまでと同じように、輪郭の動きに合わせて［角度Ｘ］と［角度Ｙ］を設定していきます②。

各パラメータの輪郭の動きに合わせて、頰紅を移動、変形させます。

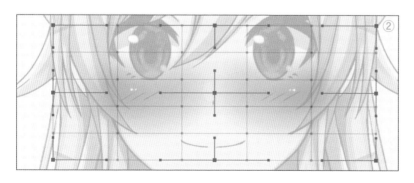

2 ［四隅のフォームを自動生成］を忘れずに行います。

☑CHECK

反対側の部位の動きの作成

左目や左眉、左耳といった部位の動きは、Day4で反転させる方法を使って作成していきます（p.111）。

04 顔の動きを自動で作成する

顔周りの動きをほぼ自動で作成する新機能について解説します。配信用モデルにおいて、顔の動きは最も大切です。それをほぼ自動で作成できる初心者に嬉しい機能となっています。

顔の動きの自動生成

モデルの顔の動きをほぼ自動で作成する機能です。この機能は、[顔のデフォーマを生成]と[顔の動きを生成]の2つで構成されています。

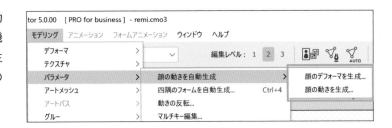

▶ 顔のデフォーマを生成

顔まわりの部位のデフォーマを自動で作成する機能です。[モデリング]メニュー→[パラメータ]→[顔の動きを自動生成]→[顔のデフォーマを生成]を実行すると、[顔のデフォーマの自動生成]ダイアログが表示されます。まずダイアログで、「対応パーツ」として顔の各部位に対応するパーツを指定します。

その後、「変換の分割数」と「ベジェの分割数」を設定します。「変換の分割数」では、分割点（p.79）による分割数を設定します。「ベジェの分割数」では、編集できるコントロールポイント（p.79）で区切られた分割数を設定します。

ダイアログで各種設定を行う

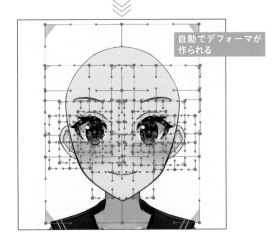

［顔のデフォーマの自動生成］ダイアログ

⧨

自動でデフォーマが作られる

☑CHECK

しっかりとパーツを分ける

Live2D Cubism Editor では、各部位の構成要素をフォルダ分けした単位を「パーツ」と呼称します。対応パーツの指定のために、部位ごとにしっかりパーツとして分けておく必要があります。

▶ 顔の動きを生成

顔まわりの動きを自動で作成する機能です。自動で動きをつけるためのデフォーマは、[顔のデフォーマの自動生成]か手動で作成しておく必要があります。[顔の動きの自動生成]ダイアログで「対象デフォーマの選択」をし、角度X（左右）と角度Y（上下）動きを作成できます。角度XYの動きの詳細と四隅（斜め）の動きは、「動きの生成」の項目で設定できます。

[顔の動きの自動生成] ダイアログ

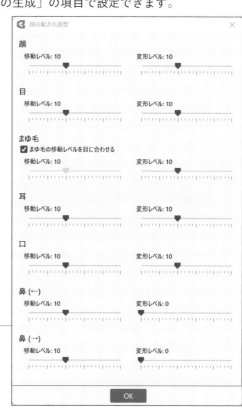

[顔の動きの調整] ダイアログ

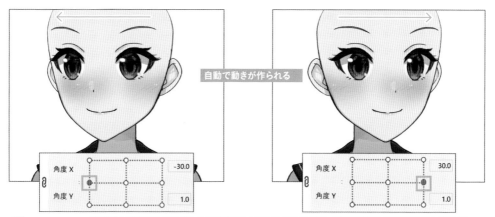

☑CHECK

デフォーマの位置ずれ

自動作成したデフォーマが顔の輪郭の中心からずれている場合があります。必ず確認を行い、左右対称のパーツは一度デフォーマの位置調整を行うようにしましょう。

STEP01……顔のデフォーマを自動で作成する

ここでは実際に、「顔の動きの自動生成」機能を使って、デフォーマの
作成と動きの作成を半自動で行います。右図の顔を使って解説します。
まずは、デフォーマを自動で作成します。

1 ［モデリング］メニュー→
［パラメータ］→［顔の動き
を自動生成］→［顔のデフォー
マを生成］を選択します。

2 ［顔のデフォーマの自動生
成］ダイアログが表示されま
す。「対応パーツ」に各部位
に対応するパーツを指定しま
す①。「変換の分割数」と「ベ
ジェの分割数」はデフォルト
のまま、［OK］ボタンをクリッ
クします②。

> **☑CHECK**
>
> **変換の分割数**
> 変換の分割数やベジェの分
> 割数はあとから変更すること
> も可能です。

3 デフォーマが一括で作成されます。［メッセージ］ダ
イアログが表示されるので、［OK］ボタンをクリックし
ます。この後、自動的に［顔の動きの自動生成］に移り
変わります。

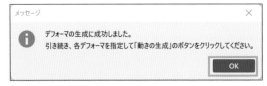

STEP02……顔の動きを自動でつける

STEP1で作成したデフォーマを対して、自動で動きをつけていきます。

1 ［顔の動きの自動生成］ダイアログが表示されていますが、STEP1で作成したデフォーマがずれていないかを確認します。問題なければ、「対象デフォーマの選択」で自動で動きをつけたいデフォーマを指定します①。今回はあらかじめ自動作成したデフォーマが選択されていたのでそのままです。
角度XYの動きを自動生成するので、「対象パラメータの選択」は「角度X」と「角度Y」を選択します②。

2 自動で作成する動きの詳細を設定します。角度X（左右）の動きから設定していきます。
「動きの生成」の項目の［角度X］①をクリックすると、［顔の動きの調整］ダイアログが表示されます②。ここでは、「移動レベル」と「変形レベル」の数値を変えて、自動で作成した各パラメータがどれくらい動くのかを調整します。

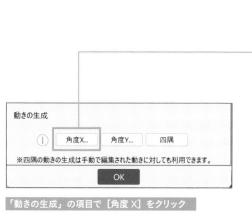

「動きの生成」の項目で［角度X］をクリック

3「移動レベル」と「変形レベル」の数値を①のように調整しました。数値を調整することによって顔の角度や稼働範囲が大きく変えられます。

また、［角度X］のパラメータを「-30.0」にすると実際に顔が大きく動くので、設定によってどれくらい動くのかを見ながら調整できます②。

調整が終わったら［OK］ボタンをクリックします③。

動きの確認をしながら数値の調整をする

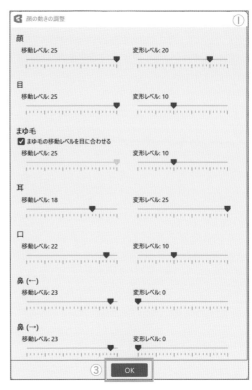

4角度Xの設定が終わったら、角度Y（上下）の動きを調整をします。「動きの生成」の項目の［角度Y］をクリックすると①、角度Yの［顔の動きの調整］ダイアログが表示されます。ダイアログで②のように調整しました。

角度Xのときと同じように［角度Y］のパラメータを動かし、実際に顔の動きを見ながら調整します③。

調整が終わったら、こちらも［OK］ボタンをクリックします④。

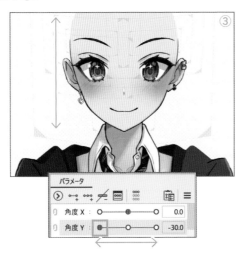

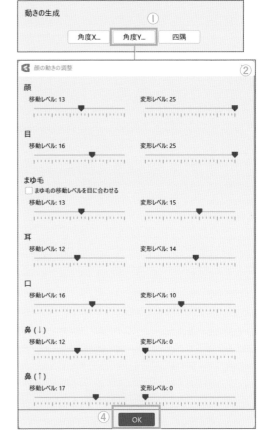

5 作成した角度 XY の動きに応じて斜めの動きを自動で作成します。「動きの生成」の項目の［四隅］をクリックするだけです①。
［メッセージ］ダイアログが表示されるので、［OK］ボタンをクリックします②。

6 結合した［角度 X］と［角度 Y］のパラメータをドラッグして動かすと、自動で作成された顔の動きを確認できます。

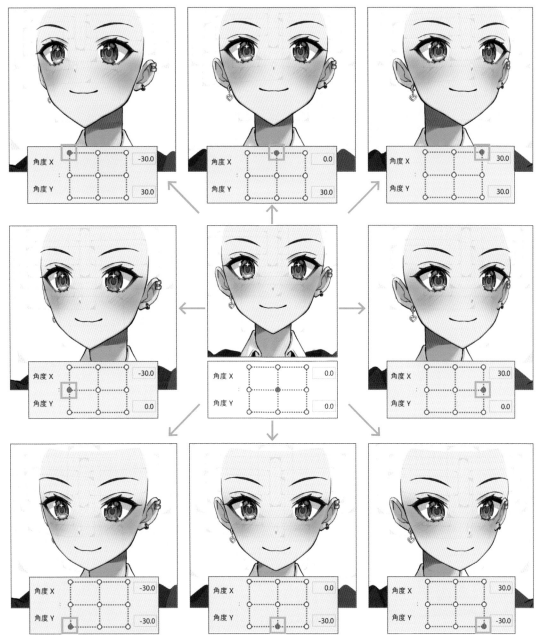

※自動で作ったままだと顔の歪みがあります。ここから自身の手で調整を入れて時短をしながらきれいな顔の角度づくりを目指しましょう（調整については、p.173 参照）

live2Dbook → day3 → lv3_4.cmo3

口パクにあごの表現を加える

口を開くと、自然とあごが下に下がります。口パクだけでも十分ですが、あごの動きをつけてあげるとより
クオリティがアップします。口パクだけのモデルに、ワープデフォーマであごの動きを追加してみましょう。

1「輪郭」を選択し、ワープデフォーマ「口
の上下」を作成します。デフォーマ「輪郭
の曲面」と「輪郭」の間に新規作成されま
す。

デフォーマ「口の上下」

2「口の上下」を選択した状態で、[口 開閉]のパラメータに [キー
の2点追加] をします。

3 口が開いたときにあごを下げるように、ワープデフォーマの下のほうを少し下げて変形させます。
これで、口をパクパクさせたときにあごも動いて、よりリアルなモデルになります。

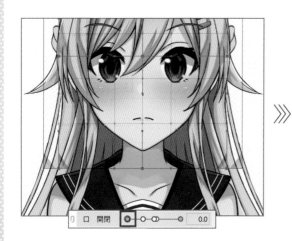

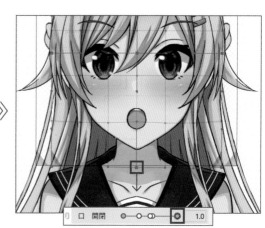

回転デフォーマを使った動きの作成

この日は、「回転デフォーマ」の使い方をマスターしましょう。
その名のとおりオブジェクトを回転させることのほか、
左右対称のオブジェクト作成時にも活用できるデフォーマです。

この日にできること

- ☑ 回転デフォーマの作成
- ☑ 顔の傾きを作成
- ☑ 回転デフォーマを使った対称のオブジェクトの作成方法を知る
- ☑ 左目の作成
- ☑ 左眉の作成
- ☑ 左耳の作成
- ☑ すべての顔の部位の傾きを作成
- ☑ 表情パターンの作成

01　顔を傾ける

「回転デフォーマ」を使ってできることと操作のポイントを説明します。そして、実際に顔の傾きを回転デフォーマと［角度 Z］のパラメータ（p.52）で設定していきます。

回転デフォーマとは？

各部位を回転させて角度をつけたいと考えたときに、アートメッシュ（p.36）やデフォーマといったオブジェクト（p.52）のバウンディングボックスを回転させて動きを作成できます。しかしこの場合、オブジェクト1つひとつの動きに気を遣わなければならず、回転の基準となる位置も自由に設定することができないため、思うような動きを作成できないことが多いです。

そんなときに便利なのが、「回転デフォーマ」です。
親となる回転デフォーマの中にオブジェクトを入れると、子であるオブジェクトをまとめて回転できます。回転の基点となる位置も自由に設定でき、腕や手の自然な動きや首を傾げる動きを簡単に作成できます。

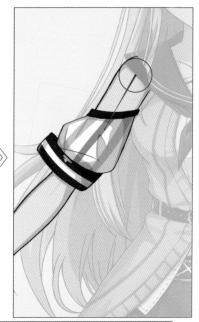

基点

回転デフォーマを使うと、基点を決めてオブジェクトをまとめて回転できる

回転デフォーマの作成方法

回転デフォーマに入れたいオブジェクトを選択します①。

ツールバーの［回転デフォーマの作成］をクリックします②。

［回転デフォーマを作成］ダイアログが表示されるので、［選択されたオブジェクトの親に設定］にチェックが入っていることを確認し③、［作成］ボタンをクリックします④。

選択したオブジェクト類の中心に回転デフォーマが作成されます⑤。

回転デフォーマの中心（回転の基点）を決めます。回転デフォーマの中心部分を Ctrl ＋ドラッグすることで、デフォーマ自体を移動できます⑥。

※ここでは、「腕 R_ 服」「腕R」「カフス R」「前腕 R」を回転デフォーマに入れます。

Day 4 回転デフォーマを使った動きの作成

⑤ 回転デフォーマ

⑥ Ctrl ＋ドラッグ

☑CHECK

回転デフォーマの修正

回転デフォーマによる動きの設定もワープデフォーマと同じように［矢印ツール（p.18）］でしていくことになりますが、キーボードのキーを組み合わせるとデフォーマ自体の修正ができます。ここでは、デフォーマの移動以外にも、よく使う操作を紹介します。

Ctrl ＋ドラッグ
回転ハンドル：回転、スケールハンドル：拡大・縮小

Alt ＋ドラッグ
回転ハンドル：回転ハンドルの表示のみを拡大・縮小

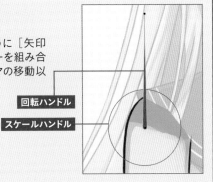

回転ハンドル
スケールハンドル

STEP01……顔の輪郭を左右に傾ける

[角度 Z] のパラメータを設定し、「回転デフォーマ」を使って、輪郭を傾けていきます。

1 Live2D Cubism Editor における [角度 Z（Z 軸）] とは、「平面的な曲線状の移動」を指します。ワイパーのような動きを作成するイメージです。

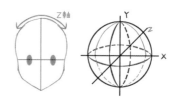

2 デフォーマパレットで「輪郭の曲面」を選択し①、ツールバーの [回転デフォーマの作成] をクリックします②。
[回転デフォーマを作成] ダイアログが表示されるので、わかりやすく名前を「顔の回転」とし③、[選択されたオブジェクトの親に設定] にチェックが入っていることを確認④、[作成] ボタンをクリックします⑤。デフォーマパレットに「顔の回転」デフォーマが作成されます⑥。
「顔の回転」デフォーマを親、「輪郭の曲面」デフォーマおよび「輪郭」を子としておくことで、「03 顔の傾きを完成させる（p.119）」でほかの部位の傾きを作成するのも簡単になります。

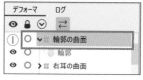

3 ビューで回転デフォーマの中心を Ctrl ＋ドラッグして、あごのあたりにセットをします。

回転デフォーマの中心を Ctrl ＋ドラッグ

☑CHECK

回転デフォーマだけをうまくつかめないとき

回転デフォーマだけをうまく動かせないときは、ビューを拡大して回転デフォーマの中心部分をクリックしやすくしましょう。

ビューを拡大して表示

4 これまでと同じようにパラメータを追加していきます。デフォーマパレットで「顔の回転」を選択した状態で、パラメータパレットで［角度Z］を選択します①。
［キーの3点追加］ボタンをクリックします②。追加された3点は左から画面左に傾けたとき、正面、右に傾けたときです③。

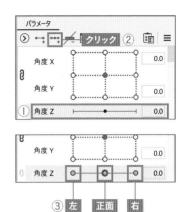

5 ［角度Z］のパラメータを設定して、顔の輪郭の傾く動きを作成していきます。［角度Z］を一番左にスライドします（パラメータ値を「-30.0」と入力しても構いません）①。
インスペクタパレットの［角度］に「-15」度と入力します②。これで、顔の輪郭が左に傾く動きができます③。

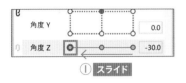

☑ *CHECK*

傾き角度の目安

左右の傾きは、15度前後が自然なバランスになります。

6 反対側も作成していきます。［角度Z］を一番右にスライドします（パラメータ値を「30.0」と入力しても構いません）④。
インスペクタパレットの［角度］に「15.0」度と入力します⑤。
これで、顔の輪郭が画面右に傾く動きができます⑥。

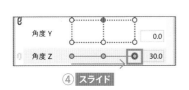

Day 4　回転デフォーマを使った動きの作成

STEP02……首を左右に傾ける

顔だけが傾いた状態では少し不自然です。そこで、首にも動きを作成して、顔を傾けたときに連動するようにしていきます。ワープデフォーマを使います。

1 パーツパレットで首のアートメッシュを選択し①、ツールバーの［ワープデフォーマの作成］をクリックします②。［ワープデフォーマを作成］ダイアログが表示されるので、わかりやすく名前を「首の曲面」とし③、［選択されたオブジェクトの親に設定］にチェックが入っていることを確認④、［作成］ボタンをクリックします⑤。「首」を子とした、「首の曲面」デフォーマが作成されます⑥。

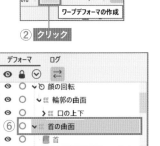

2 デフォーマパレットで「首の曲面」を選択した状態で、パラメータパレットの［角度 Z］を一番左にスライドします①。デフォーマのコントロールポイントをドラッグして、顔の動きに合わせて首を変形させていきます②。

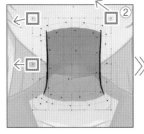
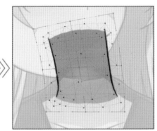

3 Day3「01 顔まわりの動きをつける」の STEP01 の **7**〜**9**（p.85）と同じように、「動きの反転」を使って［角度 Z］の「-30.0」のパラメータを反転させます。すると、首を画面右に傾けたときの動きができます。

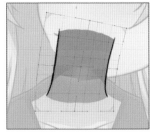

02 　対称のオブジェクトを作成する

作成中の配信用モデルは真正面から見たイラストのため、多くのオブジェクトが左右対称になっています。たとえば、右目の対称位置には左目があります。Day3までで右目や右耳などの部位の動きを作成しましたが、左目や左耳などの部位はあえて作成していませんでした。対称位置にあるオブジェクトは、回転デフォーマを使うことで簡単に作成できます。

▌回転デフォーマを使った対称部位の作成方法

回転デフォーマを使って、オブジェクトの位置や動きを正確に対称にし、作業時間を短縮できるオススメテクニックを紹介します。まずは、簡単に手順を説明しておきます。

アートメッシュやデフォーマを何も選択していない状態にします（モデルがビューの中央にない場合は、中心となるオブジェクトを選択します）①。

この状態で回転デフォーマを作成すると②、モデルの中央に回転デフォーマが作成されます③（オブジェクトを選択して回転デフォーマを作成した場合は、親子関係がなくなるように調整します）。

作成した回転デフォーマの中に片方しか作成していないオブジェクトのコピーを入れ④、［モデリング］メニュー→［フォームの編集］→［反転］で回転デフォーマごと反転させます⑤。

回転デフォーマはモデルの中央にあるので、デフォーマの中にあるオブジェクトが正確な対称位置に置かれることになります⑥。

形状だけでなく、各パラメータに設定したアートメッシュやデフォーマの動きも一緒に反転されるため、少し調整を加えるだけで正しい動きにできます。

何も選択していない状態 or 中心となるオブジェクトを選択

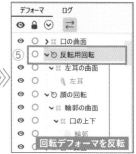

モデルの中央に回転デフォーマが作成される

☑ CHECK

何も選択していない状態にする

ビューエリアで何もないところをクリックすると、アートメッシュやデフォーマが何も選択されていない状態になります。

何もないところをクリック

ドラッグ＆ドロップ

コピー

回転デフォーマを反転

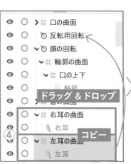

反転用回転デフォーマを反転させて対称のオブジェクトを作成

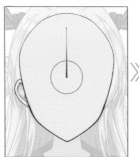

コピーしたオブジェクトの反転前

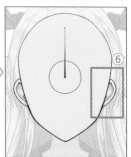

コピーしたオブジェクトの反転後

STEP01……反転用回転デフォーマを作成する

オブジェクト反転のための回転デフォーマを作成します。

1 ビューの中央にあるモデルの
オブジェクトを選択します。こ
こでは、パーツパレットで「輪
郭」を選択します①。

2 ツールバーの［回転デフォー
マの作成］をクリックします②。
［回転デフォーマを作成］ダイ
アログが表示されるので、「挿
入先のパーツ」を「Root Part」
③、わかりやすく名前を「反転
用回転」とし④、［作成］ボタ
ンをクリックします⑤。
デフォーマパレットに「反転用
回転」デフォーマが作成されま
す⑥。
このデフォーマはモデルの中央
に作成されます⑦。
「反転用回転」デフォーマの親
子関係をなくします。「輪郭」
を「反転用回転」デフォーマの
外に出します⑧。さらに、「反
転用回転」デフォーマを「輪郭
の曲面」デフォーマの外に出し
ます⑨。

※モデルがビューのちょうど中央
にある場合は、アートメッシュ
やデフォーマを何も選択してい
ない状態にします。

⑦ モデルの中央に回転デフォーマが作成される

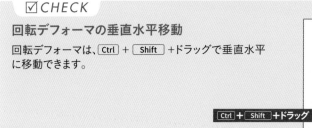

☑️ **CHECK**

回転デフォーマの垂直水平移動
回転デフォーマは、Ctrl + Shift +ドラッグで垂直水平
に移動できます。

Ctrl + Shift +ドラッグ

▶ STEP02……右目をコピーして左目を作成する

回転デフォーマと反転機能を使って、左目を作成していきます。

① パーツパレットで右目のパーツ
（p.98）ごとコピーします①。
コピーした右目パーツをペースト
します②。
位置調整用デフォーマは使わない
ので削除し、コピーした右目パー
ツの名前をわかりやすいものに変
更します③。
デフォーマパレットでワープデ
フォーマ「右目の曲面」「右瞳の
曲面」の名前も左とわかりやすい
ものに変更します④。

「右目」のパーツごとコピー

パーツ整理がしやすいように、「目」
パーツ内にペースト

「右目コピー（左目）」に変更

④ 「左目の曲面」「左瞳の曲面」に変更

Day 4 回転デフォーマを使った動きの作成

☑CHECK
不要なパーツは非表示に

元々あった左目や左眉、
左耳といった反対側の
パーツは、非表示にして
います。

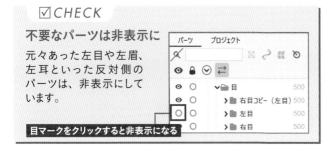
目マークをクリックすると非表示になる

☑CHECK
名前の変更

選択したパーツやデフォーマなどの名
前は、インスペクタパレットで変更でき
ます。

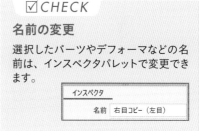

② ワープデフォーマ「左目の曲面」およびその子オブジェクトを、
STEP01で作成した回転デフォーマ「反転用回転」に入れます。

☑CHECK
位置調整用デフォーマ

位置調整用デフォーマは、パーツやデ
フォーマなどのコピー＆ペースト時に
自動で作成されます。パラメータの設
定されたパーツやデフォーマを移動・
拡大・縮小・回転するときに便利ですが、
今回は使わないので削除しています。

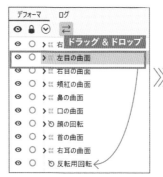

3 デフォーマ［反転用回転］を選択し①、［モデリング］メニュー→［フォームの編集］→［反転］を選択します②。

4 ［反転設定］ダイアログが表示されるので、［水平方向に反転］にチェックを入れ①、［OK］ボタンをクリックします②。

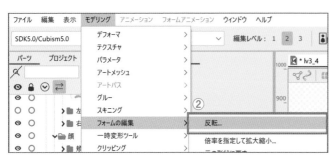

5 回転デフォーマ「反転用回転」に入れた、コピーした右目のオブジェクト一式が、回転デフォーマを挟んで対称の位置に反転され、左目が作成できます。

6 反転の作業が終わったら、**2** で入れた回転デフォーマ「反転用回転」から作成した左目を出しておきます。

STEP03……左目開閉のパラメータを変更する

動きそのものも反転されてしまっているため、調整の必要があります。左目が個々に開閉できるようパラメータを調整していきます。

■1 右目を反転して左目を作成しただけでは、右目の動きのパラメータもコピーされています。そのため、［右目 開閉］のパラメータを動かすと、左右の目が同時に閉じてしまいます。これでは、ウインクといった動きができないので、左目開閉の動きだけを［左目 開閉］のパラメータへと変更していきます。

左右の目が同時に閉じてしまう

右目　開閉　　　　　　　　　　0.0

■2 ［右目 開閉］のパラメータが設定されている左目を構成するアートメッシュをすべて選択します①。
パラメータパレットの［右目 開閉］の数値欄をクリックすると②、調整用ポップアップが表示されるので、［変更］を選択します③。

［パラメータ変更］ダイアログが表示されるので、変更先のパラメータである［左目 開閉］を選択して④、［OK］ボタンをクリックします⑤。

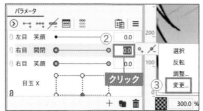

Ctrl ＋クリックで複数のアートメッシュを選択

> ☑ **CHECK**
>
> **調整用ポップアップが表示されない場合**
> パラメータの数値欄をクリックしても調整用ポップアップが表示されない場合は、右クリックやキーのクリックを試してみてください。

■3 選択した左目の動きのパラメータが、［左目 開閉］パラメータに変更できました①。
［左目 開閉］をパラメータ値「0.0」へとスライドさせると、左目だけが閉じることがわかるでしょうか②。
これでウインクができるようになりました。

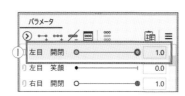

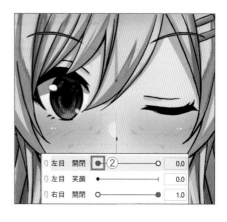

STEP04……左瞳のパラメータを修正する

右瞳をコピーして作成した左瞳は、左に動かしたいときに右に、右に動かしたいときには左に動いてしまいます。これを修正していきます。

1 ［目玉 X］のパラメータを動かしてみると、左右の瞳がちぐはぐに動いてしまっているのがわかります。

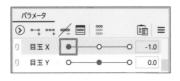

2 ワープデフォーマ［左瞳の曲面］を選択します①。
パラメータパレットの［目玉 X］の数値欄をクリックすると②、調整用ポップアップが表示されるので、［反転］を選択します③。

3 左瞳の［目玉 X］のパラメータ値「-1.0」と「1.0」の動きが反転され、自然な動きになりました。

☑ *CHECK*

いろいろな反転

［動きの反転］は、パラメータの片方のキーの動きを反対側のキーに反転して設定します。調整用ポップアップ→［反転］は、左右のキーの動きを入れ替えます。

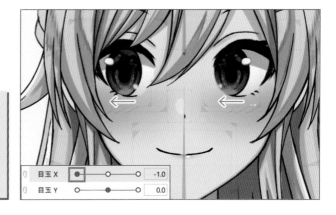

STEP05……左目のパラメータを修正する

左目全体の X 軸の動きも、コピー元の右目の動きをそのまま反転しているため、ちぐはぐです。修正していきます。

1 ［角度 X］のパラメータを動かしてみると①、左目が輪郭の動きとは真逆の方向に動いてしまいます②。

2 ワープデフォーマ［左目の曲面］を選択します①。パラメータパレットの［角度X］の数値欄をクリックすると②、調整用ポップアップが表示されるので、［反転］を選択します③。

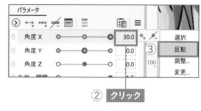

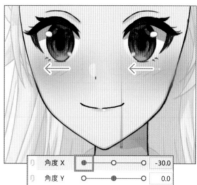

② クリック

3 左目の［角度X］のパラメータ値「-30.0」と「30.0」の動きが反転されました。
輪郭の動きに合わせて、左目が自然に動くようになります。

STEP06……左眉を作成する

続いて、左眉を作成していきます。左目と同じように、回転デフォーマと反転機能を使います。その後、[角度X]のパラメータの修正を行います。

1 右眉のアートメッシュやデフォーマをすべてコピー＆ペーストします。名前を左眉とわかるように変更したら、回転デフォーマ「反転用回転」に入れます。

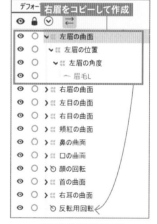

右眉をコピーして作成

ドラッグ＆ドロップ

2 デフォーマ［反転用回転］を選択し、［モデリング］メニュー→［フォームの編集］→［反転］で水平方向に反転します。
左眉ができました。

3 回転デフォーマ「反転用回転」から左眉のアートメッシュとデフォーマを忘れずに出しておきます。

☑CHECK

コピーして作成した左眉のパラメータについて

コピー反転したワープデフォーマ「左眉の角度」「左眉の位置」の動きは、そのままでも不自然なところはなかったので修正していません。動きは、パラメータ［右眉 角度］［右眉 左右］［右眉 上下］に設定されているため右眉と同時に動きますが、別々に動かす必要もないと考え、あえてパラメータを分けませんでした。

4 輪郭のX軸の動きに合わせて左眉が動くよう修正します。ワープデフォーマ［左眉の曲面］を選択します①。
パラメータパレットの［角度X］の数値欄をクリックすると②、調整用ポップアップが表示されるので、［反転］を選択します③。

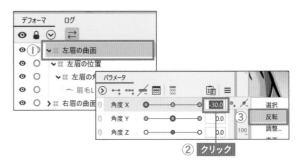

5 左眉の［角度X］のパラメータ値「-30.0」と「30.0」の動きが反転され、輪郭の動きと合いました。

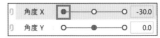

パラメータ修正前の眉毛の動き

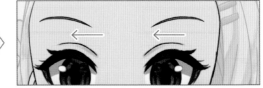
パラメータ修正後の眉毛の動き

STEP07……左耳を作成する

左耳も、左目や左眉と同じように作成します。

1 これまでと同じように、右耳のアートメッシュやデフォーマをすべてコピー＆ペーストし、回転デフォーマ「反転用回転」を使って反転させます。左耳が作成されます。

2 左耳が作成されたら、「反転用回転」から左耳のアートメッシュとデフォーマを出しておきます。

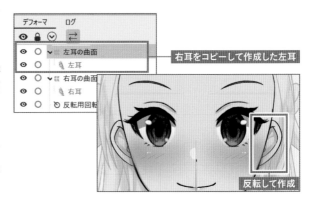

3 X軸の動きを修正します。ワープデフォーマ［左耳の曲面］選択し①、パラメータパレットの［角度X］の調整用ポップアップを表示し②、［反転］を選択します③。

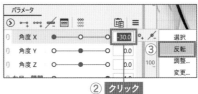

4 左耳の［角度X］のパラメータ値「-30.0」と「30.0」の動きが反転されて自然な動きになります。

パラメータ修正前の左耳の動き

パラメータ修正後の左耳の動き

03　顔の傾きを完成させる

現状では「顔の回転」デフォーマに顔の輪郭のみが親子関係になっているため、輪郭だけが傾くようになっています。「顔の回転」デフォーマを動かしたときに、目や髪などの顔に関する部位も一緒に動くようにしていきます。

📁 live2Dbook → day4 → lv4_3.cmo3

STEP ……顔に関する部位を回転デフォーマに入れる

輪郭以外の顔に関する部位を「顔の回転」デフォーマ内に入れて、親子関係を作成します。

1️⃣デフォーマパレット（もしくはパーツパレット）で顔に関するオブジェクトを選択し、「顔の回転」デフォーマにドラッグ＆ドロップします①。
すると、「顔の回転」デフォーマの子として設定されます②。

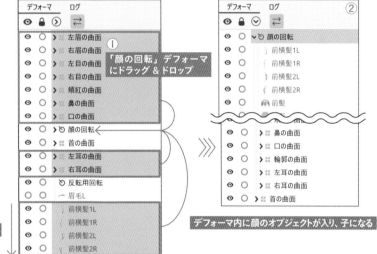

2️⃣子になったオブジェクトは輪郭と同じように傾きます。パラメータパレットで［角度 Z］を動かしたときに、「顔の回転」デフォーマの子にした顔のオブジェクトがすべて傾き、首を傾ける動作ができていれば OK です。

live2Dbook → day4 → lv4_4.cmo3

表情パターンを作成する

VTube Studio（p.179）のキーバインド機能（キーボード操作による動きの切り替え機能）を想定して、表情パターンを用意しておけば、表現の幅が広がります。

1 p.59 で笑顔の差分について触れましたが、そのときに作成していれば、右目をコピー反転した際に左目の笑顔差分も作成されているはずです。

左右の動きどちらも、パラメータ［右目 笑顔］に設定されていますが、特定のキーを押すことで指定したパラメータ値の最小値と最大値を動きを行き来できる VTube Studio のキーバインド機能を想定している場合は、このままで問題ありません。

パラメータを分けたい場合は、「02 対称のオブジェクトを作成する」の STEP03（p.111）と同じように［左目 笑顔］に設定しましょう。

2 笑顔以外の表情差分を用意してみるのも面白いです。ここでは、「ジト目」とコミカルな「＞＜」の表情を作成してみます。デフォルトでは設定するパラメータがないので、新規パラメータを追加して設定していきます。

パラメータパレットのパラメータを追加したい位置の上のパラメータを右クリックし①、［パラメータ作成］をクリックします②。

［新規パラメータ作成］ダイアログが表示されるので、［名前］［ID］［範囲］を任意に設定して③、［OK］ボタンをクリックします④。

パラメータが追加されるので、ほかと同じように動きを設定してみましょう⑤。

追加されたパラメータ

ジト目

＞＜

髪の毛に
自然な動きをつける

ゆらゆらと揺れる髪は、キャラクターを活き活きと見せるために重要な個所です。部位ごとに細かく分けて動きを設定していくため、作業の手数は多いですが、ここまで学んだことさえできれば難しいことはありません。

この日にできること

- ☑ 髪の揺れを作成
- ☑ 首をかしげたときの髪の動きを作成
- ☑ 顔をX・Y軸に動かしたときの髪の連動を作成

01　前面にある髪を動かす

髪は、揺れと顔の動きとの連動を作成していきます。まずは、髪の部位をどのように分けているか確認し、顔と体より前の位置にある髪の部位から手をつけていきましょう。

髪の部位分けの確認

大きく顔と体の前と後ろで部位を分け、さらにその中で動きの多様性を出すために細かく分けています。

顔と体より前の位置にある部位

前髪

前横髪 1R　　　前横髪 1L

前横髪 2R　　　前横髪 2L

横髪 R　　　横髪 L

顔と体より後ろの位置にある部位

はね毛 R　　　はね毛 L

中髪毛 R　　　中髪毛 L

外はね毛 1R　　　外はね毛 1L

外はね毛 2R　　　外はね毛 2L

内はね毛 R　　　内はね毛 L

後ろ髪

📁 live2Dbook → day5 → lv5_1.cmo3

STEP01……前髪の動きを作成する

「前髪」の動きから作成していきます。ワープデフォーマ（p.78）を使います。

1 前髪を動かすためのワープデフォーマを作成します。これまでと同じように作成してもいいですが、この先「揺れ」「首をかしげたときの動き」「顔をX・Y軸に動かしたときの連動」の3つを作成していくことになるので、ワープデフォーマをまとめて作成しておきます。

「前髪」のアートメッシュ（p.36）を選択し①、ツールバーの［ワープデフォーマの作成］をクリックします②。

［ワープデフォーマを作成］ダイアログで、「前髪の揺れ③」「前髪の角度Z④」「前髪の曲面⑤」の3つのワープデフォーマを連続作成します。

動かす前髪

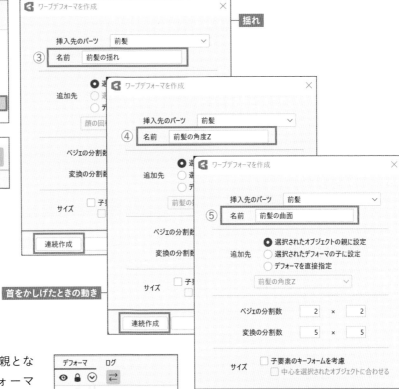

揺れ

首をかしげたときの動き

顔をX・Y軸に動かしたときの連動

2 「前髪」を子、その親となる3つのワープデフォーマができました。

3 パラメータ（p.52）を設定し、前髪の揺れから作成していきます。ワープデフォーマ「前髪の揺れ」を選択し①、パラメータ［髪揺れ 前］に［キーの3点追加］をします②。

4 ［髪揺れ 前］を一番左（パラメータ値「-1.0」）にし、デフォーマの下のほうを左に少し引っ張ることで前髪の揺れを表現します①。

②は、パラメータ「0.0」と「-1.0」の地点の髪を重ねたときの揺れ幅です。

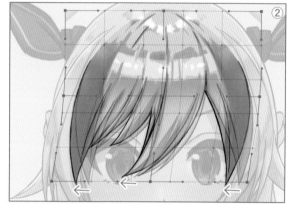

※パラメータ値「0.0」と「-1.0」の地点の「前髪」をオニオンスキンで表示しています。

5 Day3「01 顔まわりの動きをつける」のSTEP01の**7**〜**9**（p.85）と同じように、パラメータパレットのメニュー ≡ →［動きの反転］を使い、反対側の揺れを作成します。表示された［反転設定］ダイアログの［水平方向に反転］にチェックが入っていることを確認し①、［OK］ボタンをクリックします②。

パラメータ［髪揺れ 前］のスライダーを一番右（パラメータ値「1.0」）にすると、動きが反転されたことがわかります③。④は、パラメータ「0.0」と「1.0」の地点の髪を重ねたときの揺れ幅です。

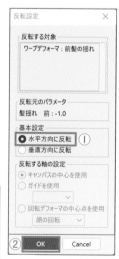

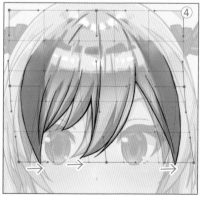

※パラメータ値「0.0」と「1.0」の地点の「前髪」をオニオンスキンで表示しています。

6 首をかしげたときの前髪の動き
を作成していきます。
ワープデフォーマ「前髪の角度Z」
を選択し①、パラメータ［角度Z］
に［キーの3点追加］をします②。

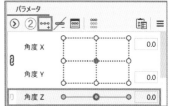

7 ［角度Z］を一番左（パラメータ値「-30.0」）にし、デフォーマの下のほうを変形させて動かし
ます①。
②は、前髪のアートメッシュだけを表示させ、パラメータを設定する前と後の髪を重ねた図です。
首をかしげたときに髪が重力に逆らわないよう垂れさせるのがコツです。

※髪の動きがわかるように、パラメータ設定前と後の「前
　髪」を重ねて表示しています。

8 **5** と同じように［動きの反転］で反対側の動きを作成します。

Day 5　髪の毛に自然な動きをつける

⑨前髪の最後は、顔をX・Y軸に動か
したときの連動を作成していきます。
「前髪の曲面」デフォーマを選択し①、
パラメータ［角度X］［角度Y］に［キー
の3点追加］をします②。

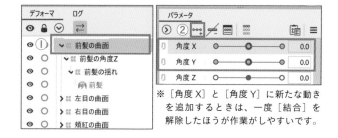

※［角度X］と［角度Y］に新たな動き
を追加するときは、一度［結合］を
解除したほうが作業がしやすいです。

⑩［角度X］を一番左（パラメータ値「-30.0」）にしたときの顔の動きに合わせて、デフォーマ「前
髪の曲面」を変形させます。バウンディングボックスをドラッグして前髪全体を左に移動させ①、
立体感が出るように中央のコントロールポイントがほんの少しだけ左に出っ張るように変形させま
した②。

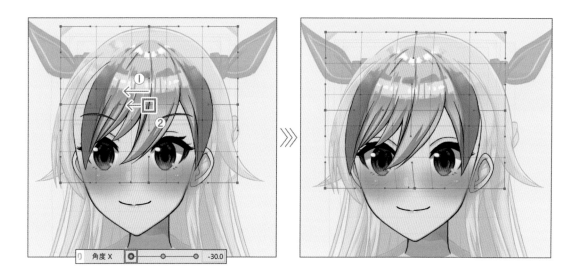

⑪［角度X］も、⑤と同じように［動きの反転］で反対側の動きを作成します。

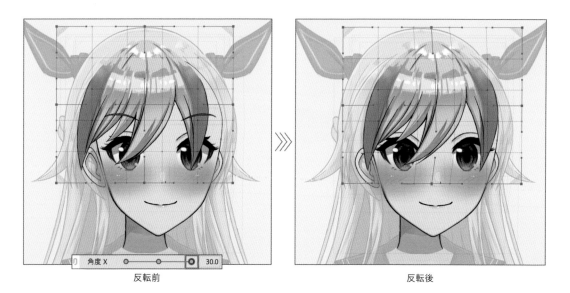

反転前　　　　　　　　　　　　　　　　　　　　　反転後

12 ワープデフォーマ「前髪の曲面」のパラメータ［角度 Y］は、顔の上下の動きに合わせて変形させていきます。

前髪全体を顔に合わせて移動させ、下を向いたときは下方向にふくらませ①、上を向いたときは上方向にふくらませるような変形を加えることで立体感を出します②。

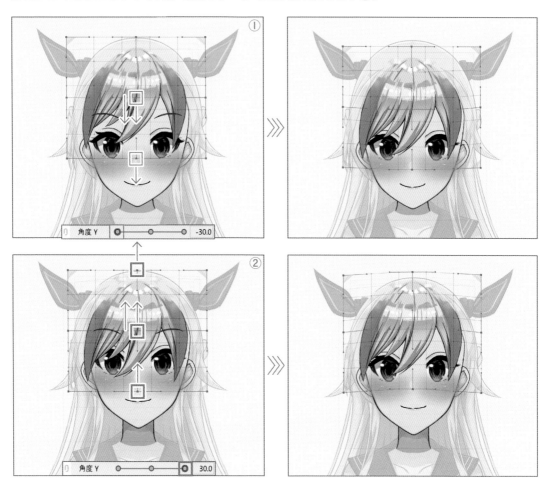

13 斜めの動きを作成します。ワープデフォーマ「前髪の曲面」を選択し、Day3「01 顔まわりの動きをつける」の STEP03（p.88）と同じように［四隅のフォームを自動生成］を行います。

14 前髪のカゲとなる「髪影」を、「前髪」と同じワープデフォーマに入れます。

これで、前髪と同じワープデフォーマの変形が適用されるため、前髪の動きに合わせてカゲも動くようになります。

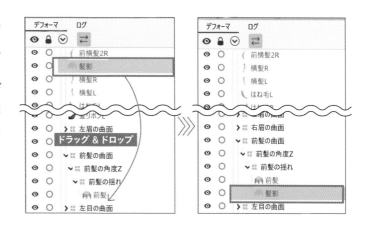

画面左側（キャラクターから見て右側）についている前横髪と横髪の動きを作成していきます。左右の部位の位置が対称なので、ひとまず片側だけを作成します。

1「前横髪1R」「前横髪2R」「横髪R」も「前髪」と同じようにワープデフォーマを作成して動かしていきます。
ただし、前髪と違って細長い部位なので、揺れの動きは Day2 の「03 目の開閉を作成する」（p.52）と同じように［変形パスツール］を使うため、ワープデフォーマを作成しません。

前横髪 1R　　　前横髪 2R

横髪 R

「首をかしげたときの動き」と「顔を X・Y 軸に動かしたときの連動」を設定するためのワープデフォーマを作成

2横髪の揺れから作成していきます。「横髪R」を選択し①、ツールバーの［変形パスツール］を使い②、3点のコントロールポイントを打ちました③。

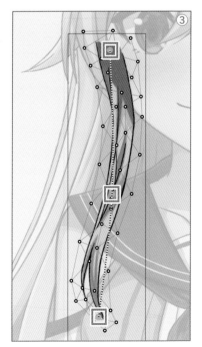

3「横髪R」を選択したまま、パラメータ［髪揺れ 横］に［キーの3点追加］をします。

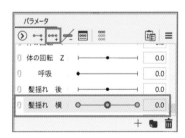

4 変形パスのコントロールポイントを動かして、「横髪R」を揺らします。①が［髪揺れ 横］のパラメータ値「-1.0」の揺れ幅、②が「1.0」の揺れ幅です。

一番上のコントロールポイントは基点となるため動かさず、下のコントロールポイントになるほど揺れ幅を大きくしていくのがコツです。

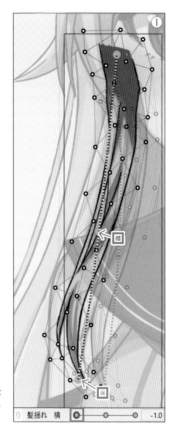

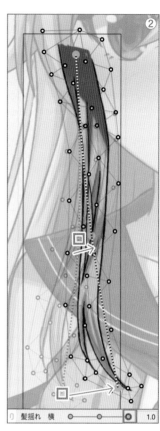

※パラメータ値「0.0」と動かした後の地点の「横髪R」を重ねて表示しています。

5 「前横髪1R①」「前横髪2R②」も「横髪R」と同じように揺らしていきます。それぞれ、［変形パスツール］でコントロールポイントを打ちます。

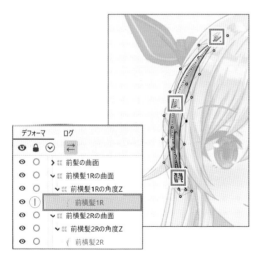

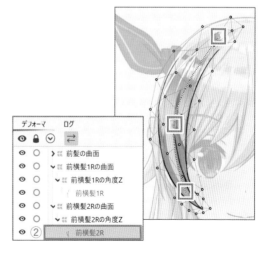

6 「前横髪1R」「前横髪2R」を選択したまま、パラメータ［髪揺れ 前］に［キーの3点追加］をします。

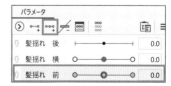

7 「横髪R」と同じように、変形パスのコントロールポイントを動かして各パラメータ値の動きを設定していきます。①がパラメータ値「-1.0」の揺れ幅、②が「1.0」の揺れ幅です。

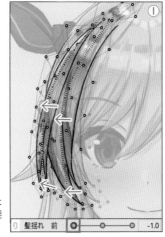

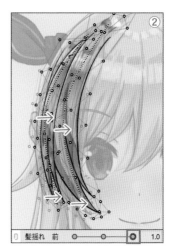

※パラメータ値「0.0」と動かした後の地点の「前横髪1R」「前横髪2R」を重ねて表示しています。

8 髪の揺れを作成したら、「首をかしげたときの動き」「顔をX・Y軸に動かしたときの連動」を作成していきます。前髪と同じように、1 で作成した「横髪R①」「前横髪1R②」「前横髪2R③」それぞれのワープデフォーマに、動きのパラメータを設定していきます。

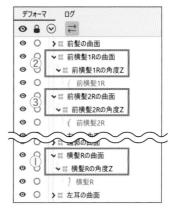

9 ワープデフォーマ「横髪Rの角度Z」「前横髪1Rの角度Z」「前横髪2Rの角度Z」で「首をかしげたときの揺れ」を作成します。パラメータ［角度Z］に設定します。

前横髪1Rの角度Z

前横髪2Rの角度Z

横髪Rの角度Z

10 ワープデフォーマ「横髪Rの曲面」「前横髪1Rの曲面」「前横髪2Rの曲面」で「X・Y軸に動いたときの連動」を作成します。パラメータ［角度X］と［角度Y］に設定します。

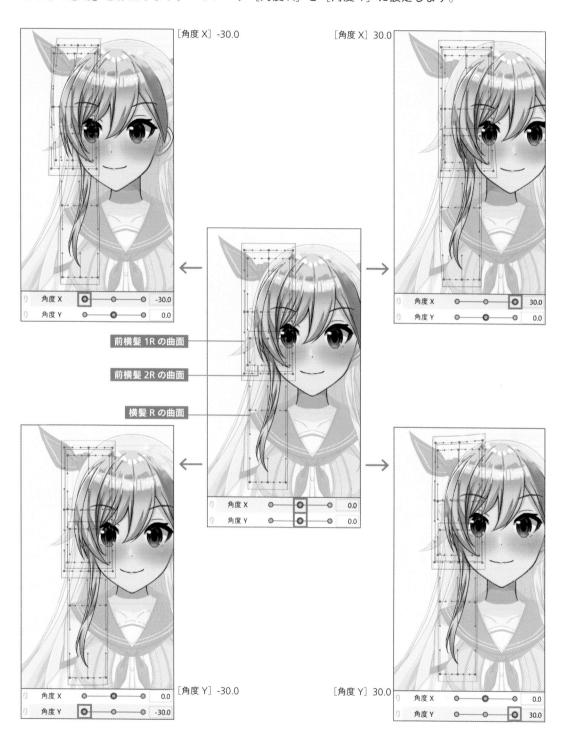

［角度X］-30.0　　［角度X］30.0

前横髪1Rの曲面
前横髪2Rの曲面
横髪Rの曲面

［角度Y］-30.0　　［角度Y］30.0

11 最後に、前髪と同じように斜めの動きを作成します。ワープデフォーマ「横髪Rの曲面」「前横髪1Rの曲面」「前横髪2Rの曲面」のそれぞれを選択し、Day3「01 顔まわりの動きをつける」のSTEP03（p.78）と同じように［四隅のフォームを自動生成］を行います。

STEP03……対称位置の髪を作成する

画面左側（キャラクターから見て右側）の髪は作成できました。Day4「02 対称のオブジェクトを作成する」（p.111）と同じ方法で画面右側（キャラクターから見て左側）の髪を作成していきます。

1 Day4「02 対称のオブジェクトを作成する」のSTEP01（p.112）で作成した、回転デフォーマ「反転用回転」を使います。

2「横髪R」のアートメッシュやデフォーマといったオブジェクト（p.52）をすべてコピー＆ペーストし、名前を「横髪L」に変更します①。
回転デフォーマ「反転用回転」に入れます②。

3 デフォーマ「反転用回転」を選択し、［モデリング］メニュー→［フォームの編集］→［反転］で水平方向に反転します。コピー＆ペーストでできた「横髪L」が対称位置に反転されました。

反転前

反転後

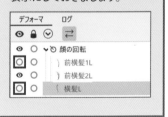

☑CHECK

不要なオブジェクトは非表示に

目のときと同じように、元々あったキャラクター左側の髪は非表示にしておきましょう。

4 反転したアートメッシュやデフォーマは、「反転用回転」から出して①、回転デフォーマ「顔の回転」内に戻しておきます②。

5 単にコピーしただけでは動きが不自然です。パラメータ［髪揺れ 横］を左側スライドさせたときに、「横髪L」の揺れ方が逆になってしまっています。

横髪Lが反対方向に揺れてしまう

6 左目のときと同じように（p.116）、パラメータを反転させて正しい動きにしていきます。
「横髪L」を選択し①、パラメータ［髪揺れ 横］の数値欄をクリック②、表示された調整用ポップアップの［反転］を選択します③。
「横髪L」のパラメータ［髪揺れ 横］の左右のキー設定が反転され、自然な揺れになりました④。

② **クリック**

※パラメータ値「0.0」と「-1.0」の地点の「横髪L」を重ねて表示しています。

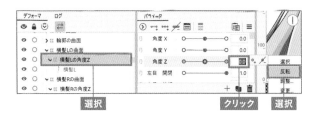

7 ワープデフォーマ「横髪Lの角度Z」は、パラメータ［角度Z］を反転させます①。
ワープデフォーマ「横髪Lの曲面」は、パラメータ［角度X］を反転させます②。

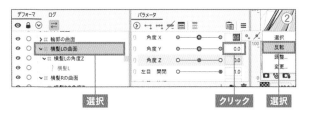

8 ほかの画面右の部位も基本的には同じように作成していきますが、「前横髪2L」には「前横髪2R」にはない髪留めがついています。そのため、もともと描いてあった部位に手動で動きをつけていきます。動かし方は、STEP02の**5**〜**7**（p.129〜p.130）で動かした「前横髪2R」と同様です。

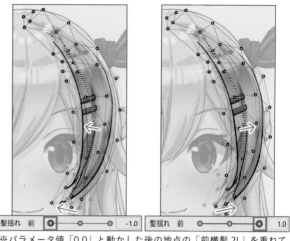

※パラメータ値「0.0」と動かした後の地点の「前横髪2L」を重ねて表示しています。

9 「前横髪2L」には髪留めがついていますが、「前横髪2R」と形は同じなので、ワープデフォーマは流用できます。「前横髪2R」のワープデフォーマだけをコピー＆ペーストします①。さらに、「前横髪1R」とワープデフォーマもコピー＆ペーストします②。後の手順は「横髪L」を作成したときと同じです。回転デフォーマ「反転用回転」にコピーしたアートメッシュとデフォーマを入れて、反転させます③。

※コピーしたアートメッシュとデフォーマは、わかりやすい名前に変更しています。

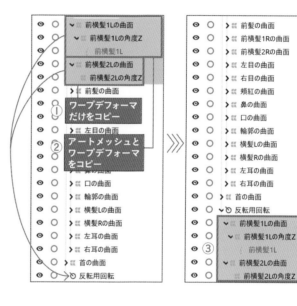

10 反転したアートメッシュやデフォーマは、「反転用回転」から出して、回転デフォーマ「顔の回転」内に戻しておきます。

11 パラメータの設定も「横髪L」と同じです。**7**で作成した各アートメッシュとデフォーマのパラメータの動きを反転させます。ワープデフォーマ「前横髪1Lの曲面」「前横髪2Lの曲面」には、［四隅のフォームを自動生成］も行います。

「前横髪1L」のパラメータ［髪揺れ 前］の反転

ワープデフォーマ「前横髪1Lの角度Z」「前横髪2Lの角度Z」のパラメータ［角度Z］の反転

ワープデフォーマ「前横髪1Lの曲面」「前横髪2Lの曲面」のパラメータ［角度X］の反転

12 **8**で揺れの動きを作成した「前横髪2L」を、ワープデフォーマ「前横髪2Lの角度Z」に入れましょう。
親子関係によって、ワープデフォーマの変形が適用されるため、Z軸、X軸、Y軸の動きができます。

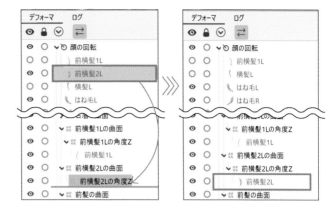

13 これで、顔と体より前の位置にある髪の部位の動きが完成しました。動きを確認してみましょう。
パラメータ［髪揺れ 前］［髪揺れ 横］をスライドさせてみると、髪がゆらゆらと揺れるのがわかります。

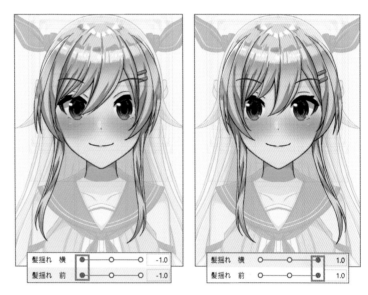

14 パラメータ［角度Z］をスライドさせてみると、首をかしげたときに髪が自然と垂れます。

15 パラメータ［角度 X］［角度 Y］をスライドさせると、顔の動きに連動して動いていることがわかります。

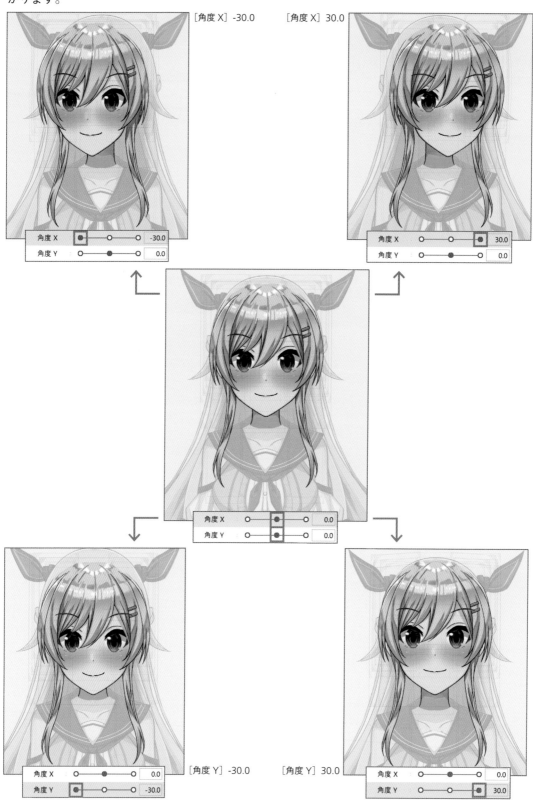

［角度 X］-30.0　　　［角度 X］30.0

［角度 Y］-30.0　　　［角度 Y］30.0

02 後ろの髪を動かす

「01 前面にある髪を動かす」と同じ手順で後ろ髪の動きを作成していきます。ロングヘアーのモデルは、前髪よりも大げさな動きをつけてあげると、表現の幅が広がります。

📁 live2Dbook ⟶ day5 ⟶ lv5_2.cmo3

STEP01……後ろ髪の動きを作成する

正面から見て、一番奥に位置する髪です。「顔と体より後ろの位置にある部位（p.122）」を確認してみましょう。部位の面積が広いので、ワープデフォーマで大きく動かしていきます。

1「後ろ髪」のワープデフォーマを作成します。前髪と同じように、「揺れ」「首をかしげたときの動き」「顔を X・Y 軸に動かしたときの連動」の3つの動きを設定するための、ワープデフォーマ「後ろ髪の揺れ」「後ろ髪の角度 Z」「後ろ髪の曲面」を作成しました。

2ワープデフォーマ「後ろ髪の揺れ」は、パラメータ［髪揺れ 後］に揺れの動きを設定します。パラメータ値「-1.0」に動きを設定した後、Day3「01 顔まわりの動きをつける」の STEP01 の **7** 〜 **9**（p.85）と同じように［動きの反転］で反対の動きを作成します。

3ワープデフォーマ「後ろ髪の角度 Z」は、パラメータ［角度 Z］に首をかしげたときの動きを設定します。パラメータ値「-30.0」に動きを設定した後、同じように［動きの反転］で反対の動きを作成します。

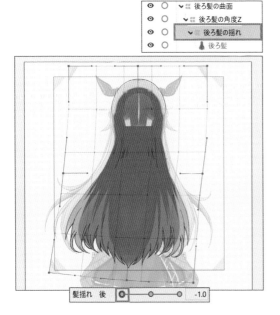

4 ワープデフォーマ「後ろ髪の曲面」は、パラメータ［角度 X］［角度 Y］に顔を X・Y 軸に動かしたときの連動を設定します。

①②は、［角度 X］をパラメータ値「-30.0」にスライドさせたときの動きです。顔の動きに合わせて、後ろ髪をひねるようにワープデフォーマを変形させます。

［角度 X］の反対は動きは［動きの反転］で作成し、［角度 Y］も顔の動きに合わせてワープデフォーマを変形させましょう。

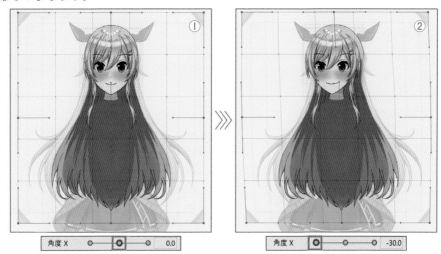

5 パラメータ［角度 X］［角度 Y］の動きが設定できたら、Day3「01 顔まわりの動きをつける」のSTEP03（p.88）と同じように［四隅のフォームを自動生成］で斜めの動きを作成します。

STEP02……後ろ横髪の動きを作成する

顔と体より後ろの位置にある髪も、画面左側の部位の動きを設定してから、反転操作で画面右側の部位を作成していきます。

1 「はね毛 R」「中髪毛 R」にワープデフォーマを作成します。

「はね毛 R」には、ワープデフォーマ「はね毛 R の角度 Z」「はね毛 R の曲面」を作成しました①。

「中髪毛 R」には、ワープデフォーマ「中髪毛 R の角度 Z」「中髪毛 R の曲面」を作成しました②。

2 髪の揺れは、変形パスを使って作成していきます。

「はね毛 R」にコントロールポイントを打ち、パラメータ［髪揺れ 横］に［キーの 3 点追加］をします。そして、パラメータ値「1.0」と「-1.0」に動きを設定します。

※パラメータ値「0.0」と「-1.0」の地点の「はね毛 R」を重ねて表示しています。

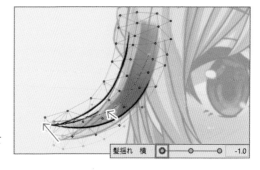

3 「中髪毛 R」も**2**と同じです。変形パスを使って、パラメータ［髪揺れ 横］に動きを設定します。

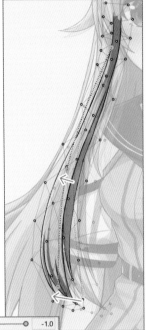

※パラメータ値「0.0」と「-1.0」の地点の「中髪毛R」を重ねて表示しています。

髪揺れ 横　⚙　───○───　-1.0

4 「首をかしげたときの動き」「顔を X・Y 軸に動かしたときの連動」も、これまでと同じようにワープデフォーマを使って設定していきます。

ワープデフォーマ「はね毛 R の角度 Z」「中髪毛 R の角度 Z」は、パラメータ［角度 Z］に［キーの 3 点追加］をします①。

ワープデフォーマ「はね毛 R の曲面」「中髪毛 R の曲面」は、パラメータ［角度 X］［角度 Y］に［キーの 3 点追加］をします②。

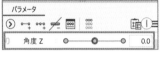

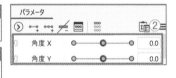

5 各パラメータへの動きの設定もこれまでと同じです。

右図は、パラメータ［角度 X］に設定した、ワープデフォーマ「はね毛 R の曲面」の動きです。

ほかの動きも設定し、ワープデフォーマ「はね毛 R の曲面」「中髪毛 R の曲面」のパラメータ［角度 X］［角度 Y］には、［四隅のフォームを自動生成（p.88）］で斜めの動きを作成しておきます。

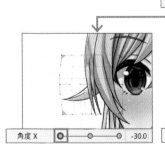

角度 X　───○───　0.0

角度 X　─○─────　-30.0　　　角度 X　─────○─　30.0

6 「内はね毛 R」「外はね毛 1R」「外はね毛 2R」の 3 つのアートメッシュにも、ワープデフォーマを作成

しますが、3 つのアートメッシュは同じワープデフォーマ内に入れておきます。**8**でまとめて大きく動かすためです。

3 つのアートメッシュを選択し①、その親となるワープデフォーマ「後ろはね毛 R の角度 Z」「後ろはね毛 R の曲面」を作成しました②。

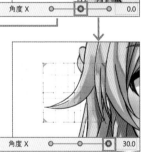

7 **2**と同じように、髪の揺れには変形パ
スを使います。

「内はね毛R」「外はね毛1R」「外はね
毛2R」それぞれのアートメッシュにコント
ロールポイントを打ち、パラメータ［髪揺
れ 後］に［キーの3点追加］をし、パラメー
タ値「1.0」と「-1.0」に動きを設定します。

外はね毛 1R

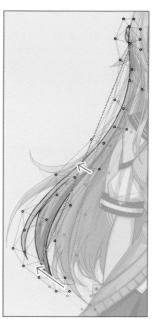

※パラメータ値「0.0」と「-1.0」の地点の「内はね毛R」「外
はね毛1R」「外はね毛2R」を重ねて表示しています。

内はね毛 R

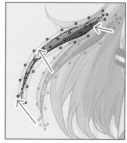

外はね毛 2R

8 ワープデフォーマ「後ろはね毛Rの角度Z」はパラメータ［角度Z］に、「後ろはね毛Rの曲面」
はパラメータ［角度X］［角度Y］に、これまでと同じように動きを設定します。

下図は、［角度X］をパラメータ値「-30.0」にスライドさせたときの動きです。顔の動きに合わせて、
「内はね毛R」「外はね毛1R」「外はね毛2R」がまとめて動きます。

パラメータ［角度X］［角度Y］の動きが設定できたら、［四隅のフォームを自動生成（p.88）］で
斜めの動きを忘れずに作成しましょう。

9 画面右側の髪を作成していきます。
作成した左側のアートメッシュやデフォーマを
すべてコピー＆ペーストし、わかりやすい名
前に変更します①。
回転デフォーマ「反転用回転」に入れます②。

10 回転デフォーマ［反転用回転］を選択し、［モデリング］メニュー→［フォームの編集］→［反転］
で水平方向に反転します。これで、反対側の髪ができました。
反転したアートメッシュやデフォーマは、「反転用回転」から出して、回転デフォーマ「顔の回転」
内に戻しておきましょう。

反転前

反転後

11 単にコピーしただけでは、これまでと同じように動きが不自然です。
「01 前面にある髪を動かす」の STEP03 の **5**〜**7**（p.133）と同じように、反転させた髪が正しく
動くように各パラメータの修正が必要です。

コピーしただけでは逆方向に動いてしまうので……

各パラメータの動きを反転させる必要がある

12 髪の動きがすべて作成できました。各パラメータをスライドさせて動きの確認をしてみましょう。

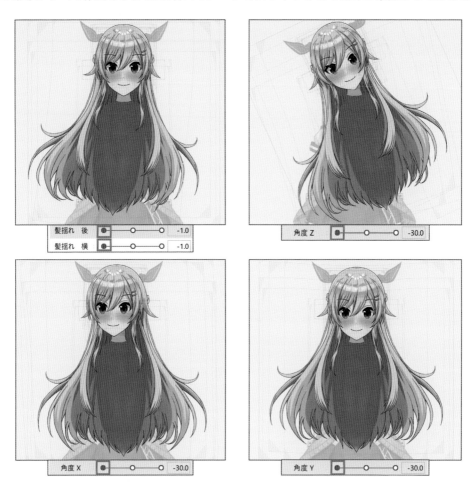

クオリティをアップする

この日は、呼吸や髪の透け感、髪のリボンの動きなどを作成していきましょう。
動きだけを見るとちょっとしたことですが、追加することで格段にモデルのクオリ
ティがアップします。

この日にできること

- ☑ 呼吸の動きを作成
- ☑ マスクを反転
- ☑ 髪の透けを作成
- ☑ 髪リボンの動きを作成
- ☑ 上半身の動きを作成
- ☑ 下半身の動きを作成

01　呼吸の動作を作成する

パラメータ[呼吸]に動きを設定することで、一定の間隔で息を吸ったり吐いたりする動きを作成できます。

📁 live2Dbook → day6 → lv6_1.cmo3

STEP01……ワープデフォーマを作成する

呼吸の動きにはワープデフォーマを使います。作成するワープデフォーマ（p.78）には、ここまでで作成したアートメッシュ（p.36）やデフォーマといったオブジェクト（p.52）をすべて入れます。

1 回転デフォーマ「顔の回転」とワープデフォーマ「首の曲面」および、体のアートメッシュをすべて選択します①。

ツールバーの［ワープデフォーマの作成］をクリックします②。

［ワープデフォーマを作成］ダイアログが表示されるので、今回は次の設定にしました。

［挿入先のパーツ］Root Part ③、

［名前］呼吸④、

［追加先］選択されたオブジェクトの親に設定⑤、

［ベジェの分割数］3×4⑥、［変換の分割数］4×4⑦、

［作成］ボタンをクリックします⑧。

2 ワープデフォーマ「呼吸」が作成されました。

ワープデフォーマ「呼吸」が親、キャラ全体のオブジェクトが子の関係になっています。

3 ワープデフォーマのサイズと位置を調整していきます。バウンディングボックスの角を Ctrl + Alt を押しながらドラッグして、中心を維持したまま少し拡大します①。

バウンディングボックスの中央を Ctrl + Shift を押しながらドラッグして、垂直に移動します②。

胸より少し上の肩のあたりに、縦横2列目のコントロールポイント（緑色の点）がくるように配置します③。

☑ **CHECK**

上半身のワープデフォーマでもOK

呼吸のワープデフォーマは、全身のオブジェクトが子となるように作成しましたが、VTube Studioの用途の場合は、上半身のオブジェクトだけを子とするワープデフォーマでも構いません。

パラメータ（p.52）を設定し、ワープデフォーマをほんの少しだけ変形させることで、呼吸の動きを作成できます。

1 ワープデフォーマ「呼吸」を選択します①。
パラメータ［呼吸］を選択して、［キーの2点追加］ボタンをクリックします②。追加された2つのキーは左が通常時、右が息を吸ったときです。

2 ワープデフォーマ「呼吸」を選択した状態で、パラメータ［呼吸］を一番右にスライド、パラメータ値「1.0」のキーを選択します①。
肩のあたりの左右コントロールポイントを、ほんの少しだけ広げるように斜め上に動かします②。
これだけで、モデルが息を吸って吐く呼吸の動きができました。

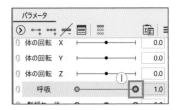

☑CHECK

呼吸の大きさ

ワープデフォーマでの変形を大きくすると、激しい呼吸になります。
呼吸の大きさは、シチュエーションに合わせて調整しましょう。

✐MEMO

VTube Studio の呼吸

パラメータ［呼吸］に設定した動きは、VTube Studio 上に読み込んだときにも認識されます。

02　髪の透け感を表現する

「マスクを反転」機能を使って、髪に透け感を加えてみます。目にかかったときの髪が透過され、モデルのクオリティがアップします。

マスクを反転

クリッピングマスク（p.58）は、ID を指定した画像の描画範囲からはみ出さなくなる機能ですが、その効果を反転できます。右図は、「A」の画像に「B」の画像をクリッピングしていますが、デフォルトでは［マスクを反転］が OFF となっているため、クリッピング先である「A」の画像範囲内でのみ「B」の画像が表示されています①。［マスクを反転］にチェックを入れて ON にすると、「A」の範囲外でのみ「B」の画像が表示されます②。

インスペクタ	
名前	長方形 1
ID	ArtMesh
パーツ	Root Part
デフォーマ	[Root]
クリッピング	ArtMesh2
マスクを反転	☑
描画順	500

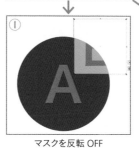

マスクを反転 OFF

マスクを反転 ON

📁 live2Dbook → day6 → lv6_1.psd

STEP01……マスク素材を作成する

ペイントソフト（ここでは、CLIP STUDIO PAINT を使用）でマスク反転用の素材を作成します。素材イラストの PSD ファイルを編集していきます。

1 目の範囲だけを塗りつぶしたレイヤーを作成します。「マスク反転用目」という名前にしました。

※ここでは、緑色に塗りつぶしていますが、何色でも構いません。

2 **1** で作成したレイヤーの不透明度を「40%」程度まで下げます。

不透明度の数値を下げる

🖊 MEMO

マスク素材の簡単な作成方法

目のレイヤーをすべてコピーして統合し、［透明ピクセルをロック］して塗りつぶすと簡単です。

3 ここが重要なのですが、Live2D Cubism Editor 上に読み込む素材は、「見た目は半透明度あってもレイヤー自体の不透明度は 100%」である必要があります。**2** で作成したレイヤーの上に新規レイヤーを作成し、結合します①。

すると、画像の見た目は不透明度「40%」ですが、レイヤーの不透明度は「100%」の素材ができます②。

できたら、PSD ファイルを保存します。

📁 live2Dbook ➝ day6 ➝ lv6_2.cmo3

STEP02……素材ファイルを再インポートする

STEP01 で保存した PSD ファイルを、再度 Live2D Cubism Editor に読み込みます。

1 Live2D Cubism Editor でここまでで作成したモデルファイルを開いた状態で、Day1「03 モデリングの準備」の STEP01 の **1**（p.25）と同じように、保存した PSD ファイルを読み込みます。

すると、[モデル設定] ダイアログが表示されるので、作業中のモデルファイル名を選択します①。
[再インポートの設定] ダイアログが表示されるので、元々読み込んでいた PSD ファイル名を選択して差し替えます②。

2 PSD ファイルが差し代わり、作成した「マスク反転用目」素材が追加されました。

☑ **CHECK**

必要に応じて描画順を変更する

通常は、パーツパレットの上位のオブジェクトほど手前に表示されていますが、各オブジェクトの [描画順] をインスペクタパレットで変更している場合は、「マスク反転用」が一番上にくるように描画順を高い値に変更しておきましょう。

STEP03……クリッピングマスクを設定する

追加した「マスク反転用目」をここまで作成した動きに合わせます。そして、まずは通常のクリッピングの設定を行います。

1 「マスク反転用目」のメッシュを分割していきます。「マスク反転用目」を選択し、メッシュを自動で分割（p.39）した後、p.44 の口のメッシュと同じように形を調整します。

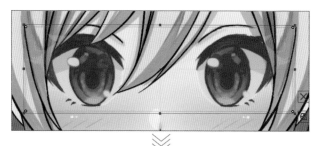

2 「マスク反転用目」をワープデフォーマ「輪郭の曲面」に入れます。これで、「マスク反転用目」にワープデフォーマ「輪郭の曲面」の動きが適用されます。
輪郭の動きに合わせて、「マスク反転用目」が変形するようになりました。

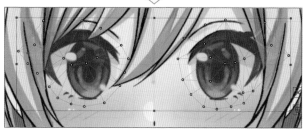

3 「前髪」を「マスク反転用目」にクリッピングしていきます。
「マスク反転用目」を選択し①、インスペクタパレットで［ID］をコピーします②。
「前髪」を選択し③、インスペクタパレットの［クリッピング］欄にコピーした ID をペーストします④。

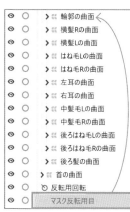

STEP04……マスクを反転する

クリッピングしただけでは、クリッピング先の「マスク反転用目」の描画範囲以外の「前髪」が非表示になってしまいます。そのため、マスクを反転させます。

1「前髪」を選択し①、インスペクタパレットで[マスクを反転]にチェックを入れます②。
通常、クリッピング先の画像に重なった部分は見えなくなってしまいますが、「マスク反転用目」は半透明なため、重なった髪の毛先は完全には消えずにこれまた半透明になって見えています。

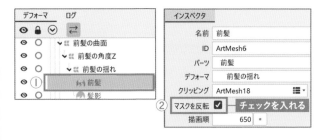

2 目の部分が緑色では不都合があるので、「マスク反転用目」を選択し①、インスペクタパレットで[不透明度]を「0%」にします②。
すると、半透明になった前髪の毛先だけが残り、髪が透けたように見えます③。

髪が透ける前

髪が透けた後

3[前横髪2R][前横髪2L]も同じように設定すると、髪と目の重なった部分がすべて透けます。
これで、モデルに透明感が生まれ、クオリティがアップします。

前横髪2R

前横髪2L

03 髪のリボンを動かす

任意のパラメータを追加して、髪につけているリボンを動かしていきます。顔に連動した動きと、リボンがぴょこぴょこと揺れる動きで、かわいらしさをアップします。

📁 live2Dbook → day6 → lv6_3.cmo3

STEP01……リボンのパラメータを追加する

デフォルトではリボンに関するパラメータが存在しないので、任意のパラメータを作成します。

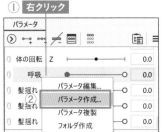

1 パラメータを追加したい位置の上のパラメータを右クリックし①、［パラメータ作成］をクリックします②。
［新規パラメータ作成］ダイアログが表示されるので、今回は次の設定にしました。
［名前］髪リボンの揺れ③
［ID］Param_HAIR_RIBON④
［範囲］最小「-1.0」、デフォルト「0.0」、最大「1.0」⑤
［OK］ボタンをクリックします⑥。
パラメータパレットにパラメータ［髪リボンの揺れ］が作成されました⑦。

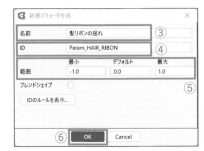

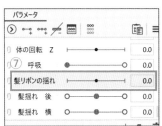

STEP02……リボンの動きを設定する

動きの設定方法はこれまでと同じです。作成したパラメータ［髪リボンの揺れ］にはぴょこぴょこと揺れる動きを、パラメータ［角度Z］［角度X］［角度Y］には顔と連動した動きをつけていきます。

1 「髪リボンR」にワープデフォーマを作成します。「髪リボンRの曲面」「髪リボンRの角度Z」の２つのワープデフォーマを作成しました。

2 リボンの揺れから設定していきます。「髪リボンR」を選択し、変形パス（p.53）を設定します。
パラメータ［髪リボンの揺れ］に［キーの３点追加］をして、動かします。

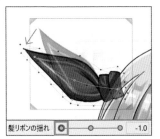

3 首をかしげたときのリボンの
動きを作成します。
1で作成したワープデフォーマ
「髪リボンRの角度Z」を選択し、
パラメータ［角度Z］に［キー
の3点追加］をして、動かし
ていきます。左右に倒したとき
に少し変形を加えています。

4 顔をX・Y軸に動かしたときのリボンの動きを作成します。**1**で作成した「髪リボンRの曲面」
を選択し、パラメータ［角度X］と［角度Y］に［キーの3点追加］をして、動かしていきます。
奥行きが出るように少し変形を加えています。顔がリボン側を向いたときに、リボンの根元を隠す
ようにすると立体感が出ます。

5 髪リボンが片方できたので、反対側を作成します。これまでと同じように、コピーしたリボンを
回転デフォーマ「反転用回転」に入れ、水平方向に反転させる方法で作成します。
なお、反転したアートメッシュやデフォーマは、「反転用回転」から出して、回転デフォーマ「顔
の回転」内に戻しておきましょう。

コピーしたリボンを反転して作成

6 反転して作成した髪リボンのパラメータを見ていきます。［髪リボンの揺れ］と［角度Y］は、
とくに修正の必要はありません。パラメータ［角度Z］と［角度X］は、パラメータ値「1.0」と「-1.0」
を反転しておきます。

📁 live2Dbook → day6 → lv6_4.cmo3

上半身の動きを作成する

顔が作成できたので、このままでも配信用モデルとしては十分です。さらにリアリティのある動きを追求する場合は、上半身にも動きをつけてみましょう。基本的な作業手順はほかの部位と同じです。

1 腕の振りを作成します。

各腕のオブジェクトに回転デフォーマを作成します。

回転デフォーマは、肩、ひじ、手首の3つの関節部に配置しました。まずは右腕側から作成し、それをコピーして左腕側を作成する手順です。

2 回転デフォーマを回転させて、腕の動きを設定していきます。

パラメータ［腕 R］［前腕 R］［右手］を新規に作成します。各パラメータに、各回転デフォーマを選択した状態で［キーの3点追加］をして、動かします。

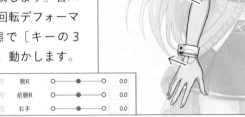

3 反対側も作成します。手がパタパタと動くようになりました。

☑ CHECK

VTube Studio での腕の動き

p.120 の表情パターンと同じように、VTube Studio（p.179）のキーバインド機能で設定した腕の動きを使えます。

Day 6　クオリティをアップする

4 続いて、上半身のX軸の動きを作成します。
ワープデフォーマを作成しますが、「襟の曲面①」「リボンの曲面②」「上半身の曲面③」の3つに分けて作成しました。

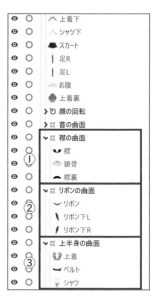

5 作成したワープデフォーマをそれぞれ選択し、パラメータ［体の回転X］に［キーの3点追加］をします①。
パラメータ値「10.0」と「-10.0」の地点で、各ワープデフォーマを変形させて左右の動きを作成します②。

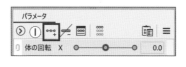

6 首と腕は、体の方向に合わせて位置をずらすだけなので、ワープデフォーマと回転デフォーマのどちらでも構いません。ここでは回転デフォーマにしました。
回転デフォーマ「首の位置①」「腕Rの位置②」「腕Lの位置③」を作成しています。
作成した回転デフォーマをそれぞれ選択し、パラメータ［体の回転X］に［キーの3点追加］をします④。

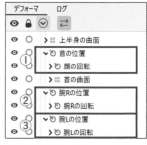

7 首と左右の腕の位置を、体の方向に合わせて動かします。回転デフォーマの中心部分をドラッグして動かします。

体の回転　X　　　　　　-10.0

体の回転　X　　　　　　10.0

8 最後に体のＺ軸の傾きを設定します。ゆるやかな傾きにしたいので、回転デフォーマではなくワープデフォーマ「体の回転Z」を変形させて動かしています。デフォーマ内には、体すべてのアートメッシュとデフォーマが入っています。
パラメータ［体の回転Z］に動きを設定しました。

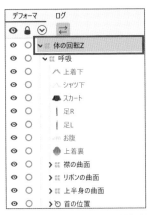

体の回転　Z　　　　　　-10.0

体の回転　Z　　　　　　10.0

☑CHECK

VTube Studio 上でモデルの体を動かす

パラメータ［体の回転 X］の動きは、VTube Studio 上ではマウス操作で動かせます。カメラで映した自分の動きを反映させたい場合は、パラメータ［体の回転 X］の設定を［角度 X］に変更して顔の動きと連動させるようにしてみましょう。パラメータ［体の回転 X］に動きを設定したデフォーマをすべて選択します①。
パラメータパレットの［体の回転 X］の調整用ポップアップで［変更］を選択します②。
［パラメータ変更］ダイアログで［角度 X］を選択し③、［OK］ボタンをクリックします④。

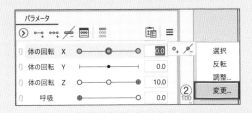

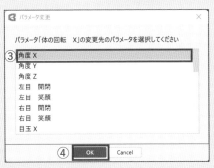

下半身の動きを作成する

📁 live2Dbook → day6 → lv6_5.cmo3

モデルの全身を見せて配信がしたい場合は、下半身にも動きをつけてみましょう。

1 下半身を動かすためのワープデフォーマを作成しました。今回は、スカートを揺らすためのワープデフォーマ「スカートの揺れ」、下半身のX軸の動きのためのワープデフォーマ「下半身の曲面」「左足の曲面」「右足の曲面」「上着裏の曲面」です。
なお、左右の足は、ほかの部位と同じように右から作成しています。

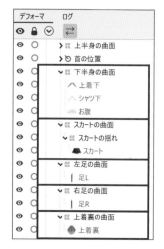

2 パラメータ［スカートの揺れ］を新規に作成し、ワープデフォーマ「スカートの揺れ」を選択した状態で［キーの3点追加］をします。
柔らかな動きを意識して、デフォーマを変形させています。

3 続いて、下半身のX軸の動きを作成します。ワープデフォーマ「下半身の曲面」「右足の曲面」「上着裏の曲面」をそれぞれ選択し、パラメータ［体の回転X］に［キーの3点追加］をして動かしていきます。
右足の動きができたら、それをコピーして左足を作成しています。

4 最終的な用途によっては、［体の回転Y］のパラメータも設定します。

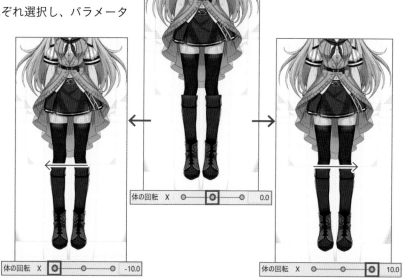

Day7

モデリングの仕上げ

Day1 〜 Day6 でモデルの動きはほぼ完成しました。最後に書き出し前の重要な設定である物理演算とテクスチャアトラスを設定し、モデリングを完了させましょう。
さらに、クオリティをアップするためのブラッシュアップ方法も解説します。

この日にできること

- ☑ 物理演算の設定
- ☐ テクスチャアトラスの作成
- ☑ 顔の動きの調整
- ☑ 髪の段階揺れを設定
- ☑ ファイルを VTube Studio 用に書き出し
- ☑ VTube Studio の設定
- ☑ 配信用アプリケーション（OBS Studio）の準備
- ☑ YouTube での配信

01 物理演算を設定する

物理演算によって、顔の動く方向やその勢いに連動して、髪が揺れるようにしていきます。動きのリアリティが増します。

物理演算とは？

物理演算とは、物と物の衝突や慣性、重力などをコンピュータ処理によって設定することです。
Live2D Cubism Editor では、顔や体の動きに合わせて髪揺れなどの動きがつくような物理演算を設定できます。

顔の振りやその勢いに応じて……　髪が揺れる

物理演算設定

物理演算は、［物理演算設定］画面で設定できます。［モデリング］メニュー→［物理演算設定］から画面を表示します。

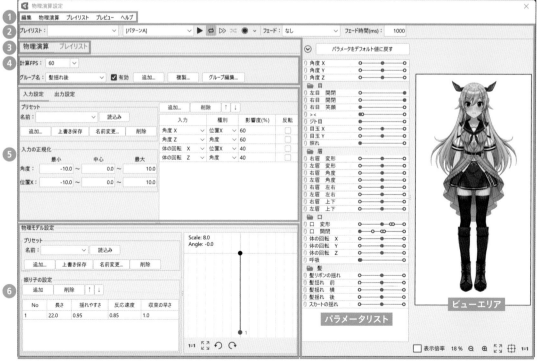

［物理演算設定］画面

❶メニュー

［物理演算設定］のメニュー項目です。プリセットの初期化やプレビューの表示に関する設定などができます。

❷再生バー・パラメータリスト・ビューエリア

［再生バー］では動きのプレビューに関する設定ができます。再生ボタンをクリックすると、［パラメータリスト］のパラメータ（p.52）とビューエリアに表示されているモデルがランダムで動きます。

［ビューエリア］には、作成したモデルが表示されています。設定した物理演算をプレビューで確認できます。ビュー上をドラッグするか、各パラメータのポインタをドラッグして、モデルを自由に動かすことができます。

［パラメータリスト］［ビューエリア］

> ☑*CHECK*
>
> **プレイリスト**
>
> ［プレイリスト］メニュー→［cmo3・can3 連携設定］でモデルデータファイルとアニメーションデータファイルを紐づけると、プレイリスト機能を使用できます。複数のシーン（p.211）をミックスして再生でき、衣装替えを行う場合などに複数のモデルでアニメーションのシーンを使い回せるか確認できます。

> ☑*CHECK*
>
> **計算FPS**
>
> ［計算FPS］の項目で、フレームレート（1秒間に何枚の画像が表示されるか）を設定できます。組み込み先のアプリケーションに合わせた設定にしましょう。ちなみに今回組み込みを想定しているVTube Studio のデフォルト設定値は「60FPS」です
>
> 計算FPS： 60

❸切り替えタブ

［物理演算］と［プレイリスト］を切り替えます。

❹グループ設定

物理演算の設定をグループ単位で保存できます。「髪揺れ」や「スカートの揺れ」のように、揺らしたい各部位ごとに複数のグループを設定できます。

Day 7　モデリングの仕上げ

❺入力設定・出力設定

「何の動きに連動して（入力）、何が動くか（出力）」を設定する場所です。たとえば、顔や体が動くと（入力）、髪が揺れます（出力）。

上部のタブで［入力設定］と［出力設定］を切り替えます。

［入力設定］には、顔の動きや体の動きを指定するのが一般的です。設定したパラメータの影響度が、出力設定の値に影響します。

プリセットがいくつか用意されているので、慣れないうちはそちらを使うのがオススメです。

［入力設定］

［出力設定］には、髪の揺れなどを指定します。髪であれば手動で揺れ幅を作成しているはずなので、［影響度（%）］は100、［倍率］は1.0で問題ありません。

［出力設定］

❻物理モデル設定・振り子プレビュー

［物理モデル設定］は、動かしたときの揺れ方を設定する項目です。

これも、プリセットがいくつか用意されているので、慣れないうちはそちらを使うのがオススメです。

［振り子プレビュー］は、［入力設定］と［物理モデル設定］で計算された結果を、振り子の動きとしてプレビューします。

［入力設定］は吊るす部分で、［物理モデル設定］が吊られている錘にあたります。

［物理モデル設定］

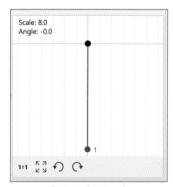

［振り子プレビュー］

📁 live2Dbook → day7 → lv7_1.cmo3

STEP01……入力設定をする

[物理演算設定] 画面を開いて、入力側のパラメータを指定していきます。

1 ［モデリング］メニュー→［物理演算
設定］を選択します。

2 ［物理演算設定］画面が表示されるので、まずは
物理演算の設定グループを作成します。
［グループ名］の［追加］ボタンをクリックします①。
［グループの追加］ダイアログが表示されるので、
次のように設定しました。
［名前］髪揺れ前②、
［入力のプリセット］
頭 入力③、［物理モ
デルのプリセット］
髪（長い）④、［OK］
ボタンをクリックし
ます⑤。

3 グループの追加と同時に、プリセット
による設定がされます。プリセットの設
定をベースに［入力設定①］と［物理モ
デル設定②］を設定しました。
入力には、パラメータ［角度 X］［角度 Z］
［体の回転 X］［体の回転 Z］が指定され
ています③。

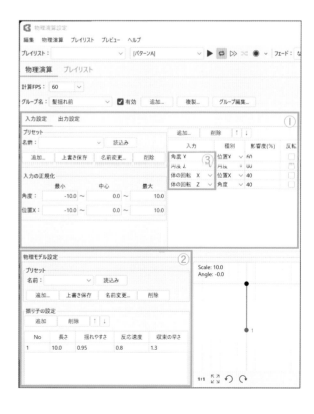

☑CHECK

体の動きとの連動

上半身の動きを作成していれば（p.153）、
髪の揺れがパラメータ［体の回転 X］や
［体の回転 Z］と連動するようにもできま
す。

STEP02……出力設定をする

出力側のパラメータを指定していきます。

1 ［出力設定］タブをクリックします①。
［追加］ボタンをクリックします②。
［出力パラメータ］ダイアログが表示されるので③、Day5 で設
定したパラメータ［髪揺れ　前］にチェックを入れて④、［OK］
ボタンをクリックします⑤。

2 出力に、パラメータ［髪揺れ　前］
が指定されました①。

3 さらに、STEP01 の**2**～ STEP02 の**1 2**の手順で、Day5 で設定したパラメータ［髪揺れ　横］［髪
揺れ　後］、Day6 で設定した［髪リボンの揺れ］もそれぞれグループを追加して、入力設定と出力
設定を行いました。「物理演算の数値を揺れ物それぞれに個別設定することによって、揺れに差を
出す」というのが物理演
算の基本です。

有効	優先順位	グループ名	振り子数	入力パラメータ（位置X）	入力パラメータ（角度）	出力パラメータ
✓	1	髪リボン揺れ	2	2	2	1
✓	2	髪揺れ前	2	2	2	1
✓	3	髪揺れ横	2	2	2	1
✓	4	髪揺れ後	2	2	2	1

今回作成した物理演算の設定グループ

☑ CHECK
グループと出力パラメータの対応
追加したグループには、下記のように出力パラメータのチェックを入れます。

グループ「髪リボン揺れ」→パラメータ［髪リボンの揺れ］
グループ「髪揺れ横」→パラメータ［髪揺れ　横］
グループ「髪揺れ後」→パラメータ［髪揺れ　後］

☑ CHECK
入力と出力の関係
今回入力はすべて同じ設定で、部位ごとの出力設定を変えることにより、髪の揺れに差が出るようにしています。

162

4 物理演算の設定は完了です。［物理演算設定］画面のビューエリアで、パラメータ［角度 X］や［角度 Z］を動かしたときの髪の揺れを確認してみましょう。

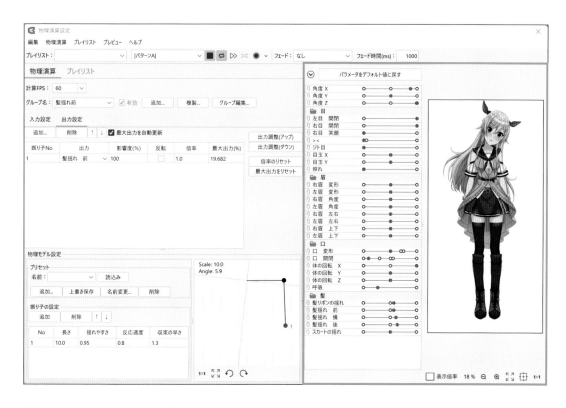

☑ *CHECK*

スカートの揺れの物理演算

下半身の動きを作成しているなら（p.156）、スカートの揺れも設定してみましょう。グループ「スカート揺れ」を追加し、入力設定①と出力設定②を行います。これで、体を動かしたときにスカートが揺れるようになりました。

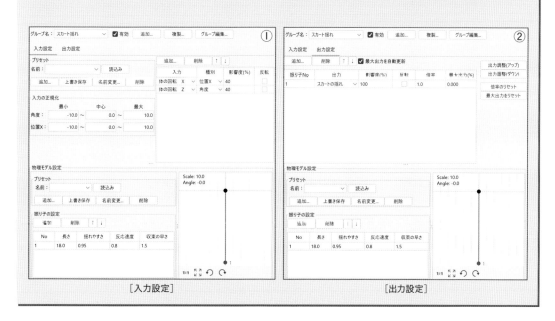

［入力設定］　　　　　　　　　　　　［出力設定］

02 テクスチャアトラスを作成する

作成したモデルを外部アプリケーションやゲームへと組み込むためには、さまざまなデータを用意する必要があります。そのうちの1つが、「テクスチャアトラス」です。

テクスチャアトラスとは？

テクスチャアトラスとは、モデルを構成する部位を平面上に並べた画像です。作成したモデルをVTube Studio などのアプリケーションやゲームで使う際に、この画像をテクスチャとして読み込む必要があります。

テクスチャアトラス

Live2D Cubism Editor には、テクスチャアトラスの編集機能が用意されています。この機能で平面上の決められた範囲内に、使っている部位をすべて配置する必要があります。範囲内に収まっていれば、テクスチャの向きは自由で構いません。各部位同士が重ならないようにだけ注意します。

📝 MEMO

テクスチャアトラスの仕様

テクスチャアトラスのサイズや使える枚数などは必ずこうでなくてはならないという決まりはなく、組み込み先の仕様によってさまざまです。作成前に確認しておきましょう。

📁 live2Dbook ⇀ day7 ⇀ lv7_2.cmo3

STEP ……テクスチャを配置する

ここまでで作成したモデルのテクスチャアトラスを作成します。自動でテクスチャを配置する機能を使います。

1 ツールバーの［テクスチャアトラス編集］ボタンをクリックします①。
テクスチャアトラスをはじめて編集する場合は、［新規テクスチャアトラス設定］ダイアログが表示されます②。
今回は次のように設定しました。
［テクスチャ名］remi ③、
［幅］［高さ］4096px ④、
［初期配置］表示状態のモデル用画像⑤、
［OK］ボタンをクリックします⑥。

2 ［テクスチャアトラス編集］画面が開きます。通常はモデルに使っている部位のテクスチャが自動でレイアウトされます①。
②は、未使用の部位の一覧です。

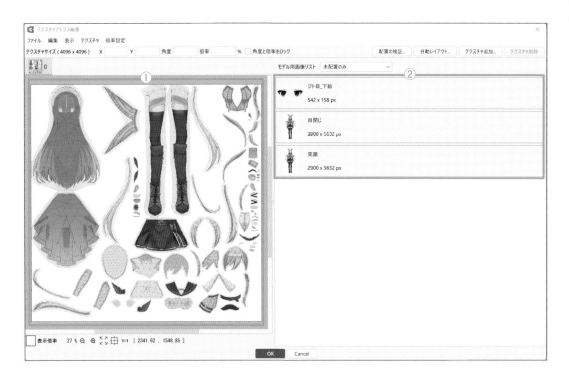

3 配置されたテクスチャ同士が重なっている場合があります。テクスチャ同士が重なっているとモデルの外見が変わってしまう場合があるので、手動で修正していきます。重なっているテクスチャを移動させたり、テクスチャの倍率を変更して調整します。移動や倍率を変更した際に、配置範囲内からはみ出さないように注意しましょう。

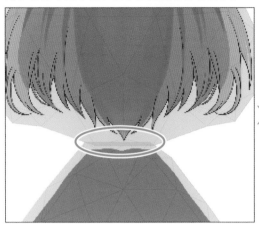
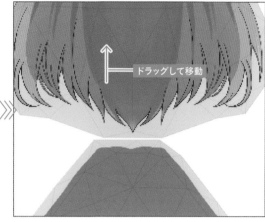

4 テクスチャの配置が完了したら、［テクスチャアトラス編集］画面下部にある［OK］ボタンをクリックします。

☑CHECK

自動でテクスチャを再配置する

［マージン］の値を設定することで重なりを簡単に解消できる場合があります。［テクスチャアトラス編集］画面右上の［自動レイアウト］を選択し①、表示された［自動レイアウト］画面で［マージン］の値を大きくして②、［OK］をクリックすると③、テクスチャ同士の間隔が広がって再配置されます。

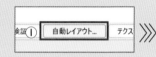

☑CHECK

目立たせたい部位のテクスチャを大きくする

［自動レイアウト］は、テクスチャの大きさに応じて適切な倍率で配置されます。倍率が100%でないテクスチャは解像度が下がり、画像が粗くなります。そこで、目立つ部分とそうでない部分とでテクスチャの倍率を手動で変えて配置する方法があります。
右図は、VTube Studioでの配信時に目立つ顔まわりの部位を大きな倍率、映らない下半身の部位を小さな倍率で配置した例です。
なお、目立たせたい部分のテクスチャをむやみやたらと大きくすれば良いというわけではなく、［倍率］が100%以上にならないように注意しましょう。

03 組み込み用 moc3 ファイルを書き出す

アプリケーションに組み込むためのファイル形式で書き出していきます。今回は、ここまでで作成したモデルデータを、VTube Studio で使える配信用モデル（アバター）として書き出します。

STEP ……moc3 形式で書き出す

「moc3 形式」のファイルは、アプリケーションで使うための Live2D モデルの実データです。moc3 ファイルでの書き出しと同時に、物理演算設定ファイルやテクスチャアトラスも書き出します。

1 ［ファイル］メニュー→［組込み用ファイル書き出し］→［moc3 ファイル書き出し］を選択します。

> ☑ CHECK
> ### 組み込みに必須のファイル
> Live2D Cubism Editor で作成したモデルやアニメーションをアプリケーションに組み込む際は、moc3 ファイルが必ず必要です。組み込み先に応じて、SDK などの設定を変更しましょう。

2 ［書出し設定］ダイアログが表示されるので①、今回は次のように設定しました。
［書き出しバージョン］SDK 5.0 / Cubism 5.0 対応②、
［物理演算設定ファイル（physics3.json）を書き出す］にチェックが入っていることを確認③、
［書き出しターゲット］1/2（2048px）④、
ほかはデフォルト設定のまま、［OK］ボタンをクリックします⑤。

> ☑ CHECK
> ### 書き出しバージョン
> 書き出しバージョンは組み込み先のアプリケーションの対応しているものに合わせます。VTube Studio での使用を想定している場合は「SDK 3.0 / Cubism 3.0（3.2）対応」以上であれば問題ありません。

> ☑ CHECK
> ### モデルの解像度が低いと感じたら
> VTube Studio に読み込んだ際に解像度が低いと感じたら、［書き出しターゲット］を「1/1（4096）」の原寸サイズにするか、テクスチャアトラスの配置や倍率を見直しましょう。

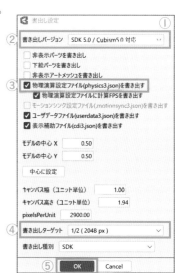

Day 7　モデリングの仕上げ

3 書き出すアバターの名前を決めて
（ここでは、「remi」としました）、書
き出します。
アバター名のフォルダを作成し、その
中に「<u>アバター名</u>.moc3」ファイル
を保存します。

4 書き出しが完了し、保存先フォルダが
開きます①。
書き出したデータのフォルダ構成は、②
のようになっています。

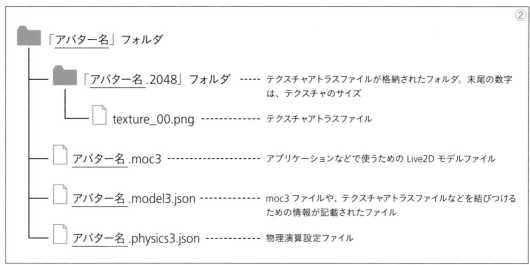

フォルダ構成

5 これで、Live2D Cubism Editor での配信用モデル作成は完了です。

※書き出したファイル一式は「live2Dbook → day7 → remi」に保存されています。

04 ブラッシュアップをする

Live2D Cubism Editor の機能とモデリング手法の基本的な部分を解説してきました。ここからはさらに
もう一歩進んで、モデルをブラッシュアップしていきます。余力があればぜひチャレンジしてみてください。

ブレンドシェイプ

アートメッシュ（p.36）やデフォーマ（p.78）といった
オブジェクト（p.52）の形状に、さらに変形させた形状を
加算する機能です。

パラメータ作成時にチェック

たとえば、段階的な髪の揺れを作ろう
としたときに、パラメータ1つひとつを
破綻のない形状に調整しなければなら
ず、パラメータの数が増えれば増える
ほど現実的ではなくなります。

そんなとき、ブレンドシェイプを活用す
ることで、掛け合わせの数を気にせず
にモデリングすることができます。

ブレンドシェイプを設定したパラメータは
四角形のキーになる

変形ブラシツール

オブジェクトをブラシで描くように変形できるツールです。ペンタブレットを
使えば、筆圧で変形度合いの調整ができるため、直感的にオブジェクトの変形
ができます。

変形ブラシツール

☑CHECK

ワープデフォーマの整形ブラシ

ツール詳細パレットで、ワープデフォー
マの分割点を整えることのできる［ワー
プデフォーマの整形ブラシ］を選択でき
ます。

☑CHECK

ブラシ選択ツール

ブラシで描くように選択できる［ブラシ選択
ツール］もあります。筆圧によって、選択
の影響レベルを変更できます。

オブジェクトをなぞって
直感的に変形できる

STEP01……顔の動きの自動生成を使って可動範囲を広げる

配信用モデルにとって顔の動きはとても大切です。顔の可動範囲を見直したところ、「**顔の動きの自動生成（p.98）**」を使って、手間をかけずに可動範囲を広げられそうでした。

1「輪郭の曲面」デフォーマを選択します①。
インスペクタパレットで「変換の分割数」を 11 × 10 に変更します②。

これで、デフォーマの編集できるコントロールポイント（p.79）が増え、より細かい変形ができるようになります。

③が「変換の分割数」の変更前、④が変更後のデフォーマです。

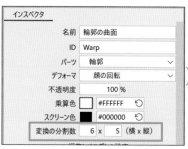

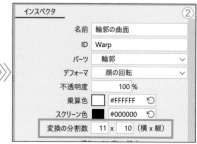

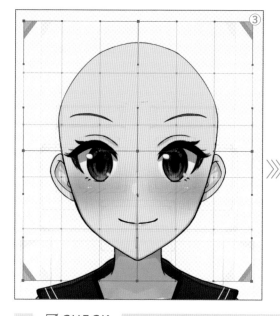

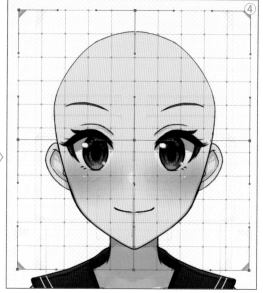

☑CHECK

分割数の注意点

「変換の分割数」を 9×9 より大きくしようとすると、右図のような警告メッセージが表示されます。分割数が増えることで PC の処理負荷も増えるため、PC のスペックに自信がない場合は 9×9 以内に抑えるようにしましょう。問題がなければ［OK］ボタンをクリックして作業を続行して構いません。

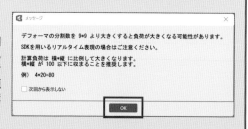

2 ［モデリング］メニュー→［パラメータ］→［顔の動きを自動生成］→［顔の動きを生成 ...］をクリックします。

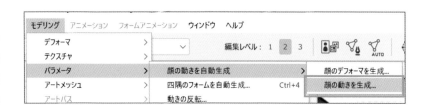

3 ［顔の動きの自動生成］ダイアログが表示されるので、「対象デフォーマの選択」で自動で動きをつけたいデフォーマを指定します①。
そして、「動きの生成」の項目の［角度 X ②］（左右の動き）と［角度 Y ③］（上下の動き）を設定していきます。

☑ *CHECK*

パラメータの上書き

パラメータをすでに設定している場合、「動きの生成」の項目の［角度 X］や［角度 Y］をクリックすると図のようなパラメータ上書きの確認が表示されます。上書きして問題がなければ［はい］をクリックします。

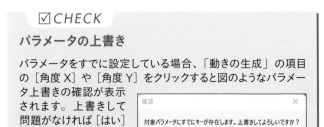

4 ［顔の動きの調整］ダイアログが表示さるので、［角度 X］や［角度 Y］のパラメータを動かしつつ、実際にモデルの顔の可動範囲を見ながら動きの調整を行います。

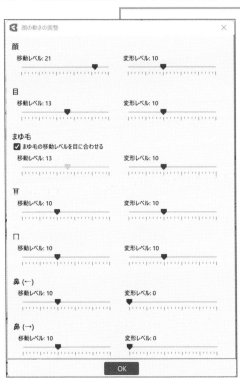

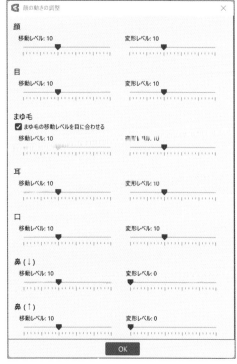

5 下図は［角度 X］と［角度 Y］のパラメータ変更前と変更後です。可動範囲が広がったことがわかるでしょうか。

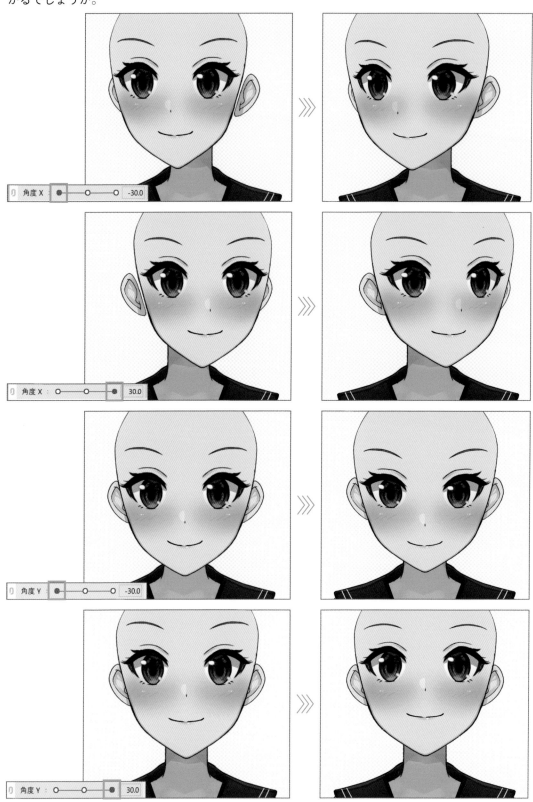

> **STEP02……顔の動きを手動で調整する**

斜め四隅の動きも自動で作成していきますが、少し手を加えてリアリティをアップしていきます。「顔の動きの自動生成」は手軽に顔の動きを作成できる便利な機能ですが、細部にこだわるとどうしても限界があります。この機能に頼りっぱなしではなく、きちんと手動で動きをつける意識も大切です。

1 「動きの生成」の項目の［四隅］をクリックします。

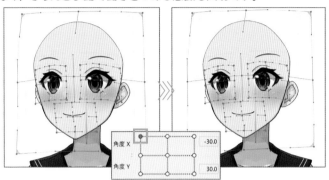

2 自動で作成した動きをベースに、手動で細部の動きを調整していきます。
右図の左側が自動で作成した動き、右側が手動で調整した動きです。

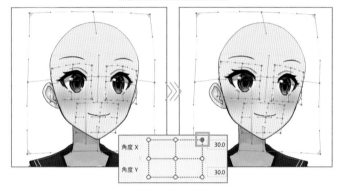

🖊**MEMO**

イラストを描いて確認

イラストが描ける方は斜めの顔を下描きして、目や鼻、口、眉毛などの部位の位置関係をしっかりと確認しながら調整してみましょう。よりリアリティのある動きを追及でき、モデルのクオリティがアップします。

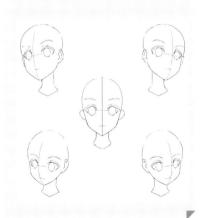

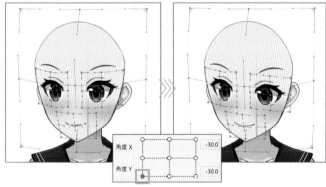

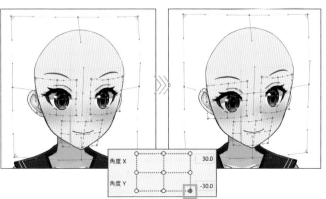

STEP03……前髪を 2 段階で揺らす

昨今の配信用モデルは、段階的な髪の毛の揺れが当たり前になってきました。ここまでの作成モデルの髪は 1 段階で揺れていましたが、ここで段階的に揺れるように調整してみます。まずは前髪を X 軸（左右）に 2 段階で揺れるように調整します。

なお、今回は X 軸だけを調整しますが、Y 軸（上下）にふわふわと揺らしてみても良いでしょう。自分のできることや表現したいことを増やすことでモデルのクオリティが一段とアップするので、ぜひとも意欲的に挑戦してみてください。

1「髪揺れ 前 2」パラメータを追加作成します①。

「前髪の揺れ」デフォーマ、「前横髪2L」「前横髪 2R」のアートメッシュを選択し②、キーを追加します。

これらのデフォーマとアートメッシュを変形させて 2 段階の揺れの動きを作成します。

パラメータを追加作成し、キーを追加する

2「髪揺れ 前」パラメータでは髪の中心付近の揺れを作ります。「髪揺れ 前 2」パラメータでは、髪の先端付近の揺れを作ります。毛先に向かって段階的な揺れを作成するイメージです。

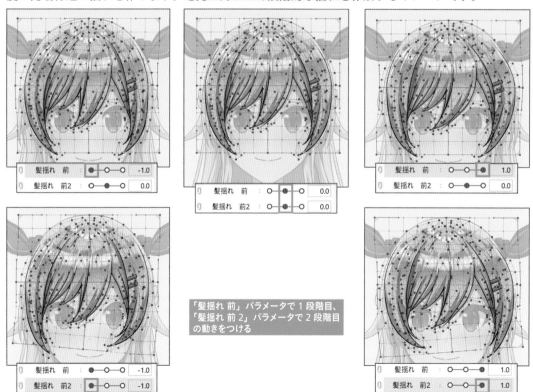

「髪揺れ 前」パラメータで 1 段階目、「髪揺れ 前 2」パラメータで 2 段階目の動きをつける

3 パラメータパレットのパレットメニュー ≡ →［四隅のフォームを自動生成］を実行します。

STEP04……横髪を2段階で揺らす

前髪と同じように、横髪も2段階で揺れるようにしていきます。

1 「髪揺れ 横2」パラメータを追加
作成します①。
「横髪R」「横髪L」を選択し②、キー
を追加します。
これらのアートメッシュを変形させて
2段階の揺れの動きを作成します。

① パラメータを追加作成し、
キーを追加する

2 毛先に向かっての段階的な揺れを、「髪揺れ 横」「髪揺れ 横2」パラメータに作成します。

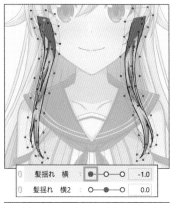

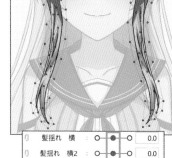

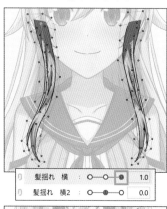

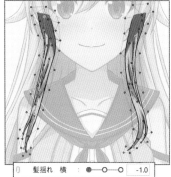

「髪揺れ 横」パラメータで1段階目、
「髪揺れ 横2」パラメータで2段階目
の動きをつける

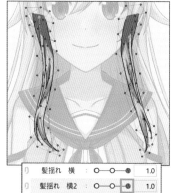

3 パラメータパレットのパレットメニュー≡→［四隅のフォームを自動生成］を実行します。

☑CHECK

変形のやり方

オブジェクトの変形は、変形パスやメッシュ
の頂点を動かしても良いですし、［変形ブラ
シツール］を使うのも良いでしょう。やりや
すい方法で行いましょう。

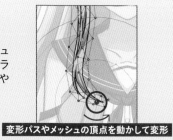

変形パスやメッシュの頂点を動かして変形

変形ブラシを使って変形

Day 7　モデリングの仕上げ

後ろ髪には4段階の揺れを作成します。普通にパラメータを追加して作成するのでは調整がとても大変なので、ブレンドシェイプ機能を使います。

1 新規パラメータ作成時に［ブレンドシェイプ］にチェックを入れて①、［OK］ボタンをクリックし②、パラメータを4つ追加作成します③。

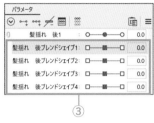

2 「髪揺れ ブレンドシェイプ1」パラメータに動きを作成します。「後髪」「外はね毛L」「内はね毛L」「外はね毛R」「内はね毛R」の中央少し上あたりを左右に変形します。

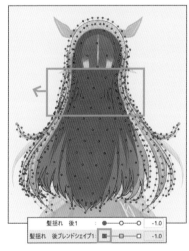

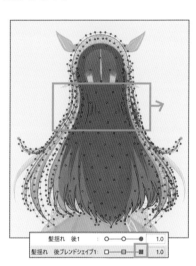

☑CHECK

パラメータの設定

元々設定していた「髪揺れ 後」パラメータは、「後髪の揺れ」デフォーマの動きのみにします。

③「髪揺れ ブレンドシェイプ2」〜「髪揺れ ブレンドシェイプ4」パラメータに動きを作成します。「外はね毛 L」「内はね毛 L」「外はね毛 2L」「外はね毛 R」「内はね毛 R」「外はね毛 2R」「後髪」を毛先に向かって段階的に変形させます。

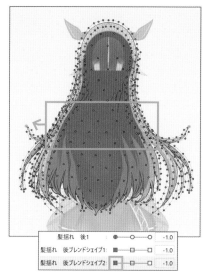
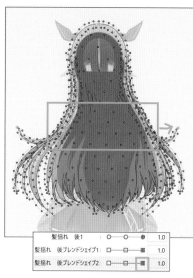

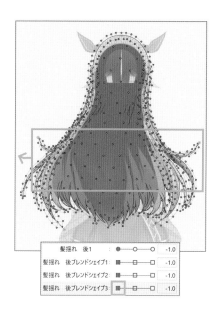
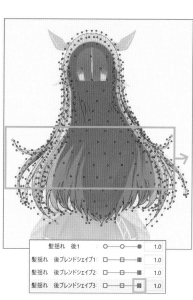
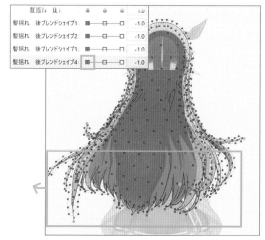
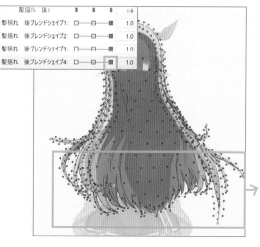

最後に、物理演算設定を行います。振り子を設定することで、髪の毛の段階的な揺れを自然にできます。

1 ［モデリング］メニュー→［物理演算設定］を選択し、［物理演算設定］画面を表示します①。

前髪の揺れから設定します。設定グループ「髪揺れ前髪」を作成します②。

［出力設定］タブで、［追加］ボタンをクリックし、「髪揺れ 前」「髪揺れ 前2」パラメータを追加します③。

「振り子設定」の［追加］ボタンをクリックし④、2つ目の振り子を追加します⑤。

［出力設定］タブで、「髪揺れ 前2」パラメータの「振り子No」を「2」にします⑥（⑤で追加した2つ目の振り子とパラメータが関連づけられます）。

実際の髪の動きを見ながら、「振り子の設定」で振り子の長さや揺れやすさなどを設定します。

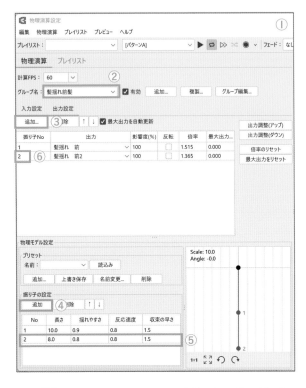

2 横髪の揺れを設定します。設定グループ「髪揺れ横髪」を作成し、2つの振り子を設定しました。

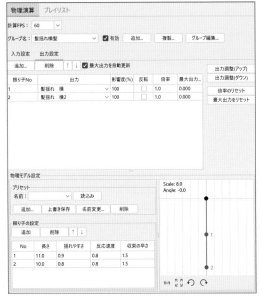

3 後ろ髪は、設定グループ「髪揺れ後ろ髪ブレンドシェイプ」を作成し、4つの振り子を設定します。振り子ごとに微妙に設定を変えるのが自然な揺れを作るポイントです。

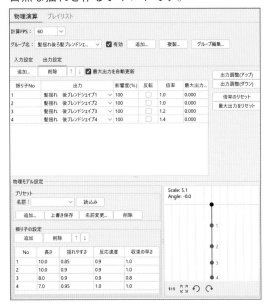

※ここまでの制作内容を書き出したファイル一式は「live2Dbook → Finish →インターネット配信用モデル→ remi」に保存されています。

VTube Studio を設定する

VTube Studio は、Web カメラで撮影した自分の動きと画面に映されたキャラクターの動きをアバターとして連動させることができるアプリケーションです。Live2D Cubism Editor で書き出したアバターファイルを VTube Studio に読み込むことで、そのキャラクターになりきることができます。

1 「VTube Studio」のインストールが必要です。

Steam の Web サイト（https://store.steampowered.com/）にアクセスし、VTube Studio を検索します。

VTube Studio のページで［ライブラリに追加］をクリックし、VTube Studio を入手します。

※ VTube Studio は「無料」です
（2023 年 10 月時点）

✎ MEMO

Steam アカウント

VTube Studio の入手には、Steam アカウントでのログインが必要です。

Steam アカウントの作成は、Web サイトのトップページの［ログイン］をクリック①して遷移したページで、［アカウントを作成］をクリック②して必要情報を入力します。

すでに Steam アカウントを持っている場合は、アカウント名とパスワードを使ってログインしてください。

✎ MEMO

Steam アプリケーション

Web サイトの上部の［Steam をインストール］をクリックし、Steam アプリケーションをインストールしておきましょう。

2 入手したアプリケーションは、Steam アプリケーションの［ライブラリ］に保存されています。［ライブラリ①］→［VTube Studio ②］と選択し、［インストール］をクリックします③。

> **✎ MEMO**
>
> **別のインストール方法**
>
> Steam の Web サイトの VTube Studio 入手ページで、［無料］を選択することでもインストールできます。

3 ［VTube Studio のインストール］ダイアログが表示されるので、インストール先を指定し①、［インストール］をクリックします②。

4 使用許諾契約書が表示されるので、よく読んだ上で［同意］をクリックします。画面の指示にしたがって進めることで「VTube Studio」がインストールされます。

5 インストールが完了したら、VTube Studio を起動してみましょう。
Steam アプリケーションの［ライブラリ］→［VTube Studio］と選択し、［起動］をクリックします。
もしくは、デスクトップのショートカットアイコンをダブルクリックするか、スタートメニューのショートカットアイコンをクリックします。

デスクトップのショートカット

スタートメニューのショートカット

6 VTube Studio の画面が表示され
るので、作成した配信用アバターモ
デルを使えるようにしていきます。
画面のどこでもいいのでダブルク
リックすると①、メニューが表示さ
れます②。

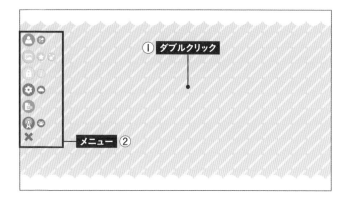

7 メニューの👤ボタンをクリック①
すると、モデル選択画面が表示され
ます。
モデル選択画面一番左の［自分のモ
デルをインポート］をクリックしま
す②。
③のような画面が表示されるので、
［フォルダを開く］をクリックしま
す④。

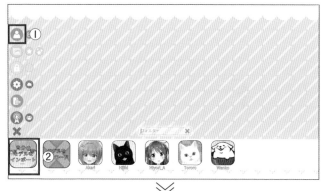

8 モデルを保存するフォルダが表示
されるので、配信用アバターモデル
のフォルダをここに格納します。

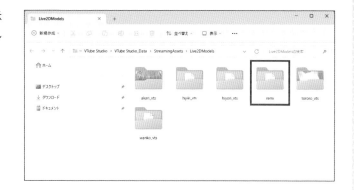

9 ここまでできたら、いったん
VTube Studio を閉じます。
メニューの⚙ボタンをクリックし、
画面左上の⚙ボタンをクリック①、
画面右の「一般設定」の項目にある
［終了］をクリックします②。

10 再び VTube Studio を起動します。メニューのボタンをクリックして①、モデル選択画面を表示すると、作成した配信用アバターモデルが選択できるようになっているので、クリックして読み込みます②。

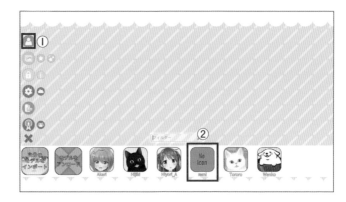

MEMO

アイコンの表示

モデル選択画面でのアイコンを表示させることができます。配信用アバターモデルのフォルダにアイコン画像（今回は 256px × 256px の PNG ファイルとして作成）を格納し、メニューのボタン→画面左上のボタンをクリックします①。画面右の設定画面に表示されれいる［No Icon］をクリックします②。アイコン選択画面が表示されるので、フォルダに格納したアイコン画像を選択します③。これで、アイコンが表示されます④。

11 モデルを読み込むと、自動セットアップの画面が表示されます。［自動セットアップ］をクリックすると、Live2D Cubism Editor で作成したパラメータを VTube Studio 用に自動変換できます。

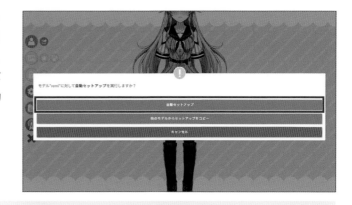

MEMO

自動セットアップはいつでもできる

自動セットアップの画面でキャンセルしてしまっても、メニューのボタン→画面左上のボタンで表示される設定画面で、いつでも自動セットアップを実行できます。

12 自動セットアップが終わったら、アバターモデルの画面表示サイズや位置を調整します。

Day 7 ｜ モデリングの仕上げ

✎**MEMO**

サイズや位置の変更方法

アバターモデルのサイズや位置の変更はマウスで行います。右図の操作が割り当てられています。

モデルの移動方法

クリック＆ドラッグ

モデルの回転/サイズ変更方法

サイズ変更: スクロール

回転: [CTRL] + スクロール

13 カメラの前の自分の表情や動きのトラッキングに使う Web カメラの設定を行います。メニューの⚙ボタン→画面左上の📷ボタンをクリックし①、「Web カメラトラッキング」の設定を開きます。［カメラを選択する］をクリックし②、使用するWeb カメラを選択、カメラの解像度や FPS（フレームレート）を設定します。設定が終わったら、［カメラ ON］をクリックします③。

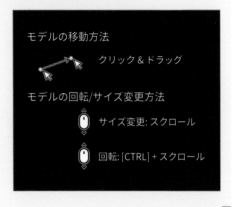

✎**MEMO**

カメラの設定値

カメラの解像度や FPS は、基本的に数値が大きいほどトラッキングの精度が上がりますが、その分 PC への負荷も上がります。PC スペックに応じて、最適な設定にする必要があります。

14 キャリブレーション（カメラの前の自分の顔のデフォルト位置を設定する作業）を行います。［校生（キャリブレーション）］ボタンをクリックし、Web カメラの正面を向いて自然体の顔の表情を認識させます。目は開きすぎず、口を閉じておくと良いでしょう。

MEMO

アプリケーション起動時のキャリブレーション

メニューの⚙ボタン→画面左上の◉ボタンをクリックして表示される「Web カメラトラッキング」の設定で［自動スタート］有効にしておくと、VTube STudio 起動時に自動でキャリブレーションを実行できます。

15 カメラの前の自分とアバターの動きが自然な連動となるように、トラッキングの調整を行います。トラッキング設定は、メニューの⚙ボタン→画面左上の◉ボタンをクリックして表示される画面で行います①。

また、メニューの⚙ボタン→画面左上の👤ボタンをクリックして表示される画面で物理演算などの調整もできます②。

最適な設定は人それぞれです。実際に動いたり喋ったりしながら、納得のいく動きになるまで調整しましょう。

16 余裕があれば、特定のキーを押すことで表情を変える「キーバインド」の設定を行いましょう。ここでは、キーボードの Ⓐ を押したときにジト目の表情になるようにします。いったん VTube Studio を閉じ、配信用アバターモデルのフォルダ内にある moc3 ファイルをダブルクリックします①。すると、Live2D Cubism Viewer が起動し、moc3 ファイルが開きます②。

Live2D Cubism Viewer

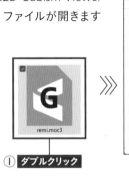

17 ［ファイル］メニュー→［追加］→［表情］を選択します①。「表情の追加」画面が表示されるので、ファイル名と表情名を入力します。ここでは、［ファイル名］を「jitome」②、［表情名］を「ジト目」③としました。

18 「expressions」を開くと、「jitome.exp3.json」追加されているので選択します①。下部には作成したパラメー夕一覧が表示されているので、ジト目のパラメータを「1.0」(ジト目になる状態) にします②。設定が終わったらファイルを保存します。保存すると関連ファイルも一緒に更新されます。

19 新たに「jitome.exp3.json」ファイルが作成されています。また、「remi.model3.json」ファイルが更新されていることをしっかりと確認します。

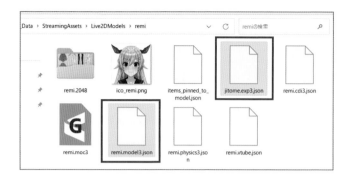

20 再び VTube Studio を起動します。メニューの⚙ボタン→画面左上の📷ボタンをクリックし①、「キーバインド設定」画面を表示します。[キーバインドを使う]を有効にし②、その下にある➕ボタンをクリックします③。

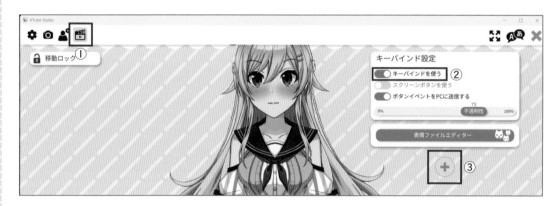

21 新規キーバインドの設定画面が開きます。「キーバインドアクション」設定の[アクションタイプ]をクリックします①。アクションタイプの選択画面が表示されるので、[表情を切り替える（exp3）]を選択します②。選択したら[OK]ボタンをクリックします③。

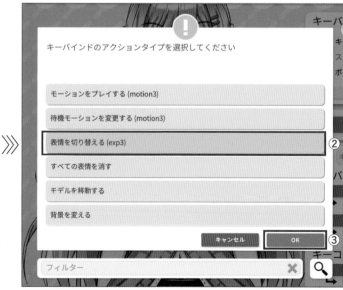

22 ［表情］をクリックし①、作成したジト目の設定ファイル「jitome」を選択します②。選択したら、［OK］ボタンをクリックします③。

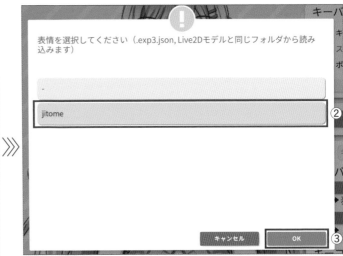

23 最後にジト目にするときのキーを割り当てます。「キーコンビネーション」設定の［キー1］を選択し①、キーボードの Ⓐ を割り当てます②。

これで、Ⓐ を押したときにアバターの表情をジト目にするキーバインドの設定は完了です。

24 背景透過の設定を行います。背景を透過することで、配信時にアバターの後ろ側に好きな画面を合成することが容易になります。

メニューの ■ ボタンをクリックします①。背景選択画面が表示されるので、[ColorPicker] を選択して②、[OK] ボタンをクリックします③。

✎MEMO

背景透過機能に対応した配信アプリケーションを使う

VTube Studio の背景透過機能に対応している配信アプリケーションを組み合わせれば、アバターと別の画面の合成が容易です。本書で使用する OBS Studio は背景透過機能に対応しています。

背景透過機能に対応していない配信アプリケーションを使う場合は、グリーンバックなどを用いてクロマキー合成（特定の色を指定して透過し、別の映像や画像を合成する手法）する必要があります。

25 カラーピッカーの画面が表示されるので、背景色を設定します①。その下にある［透過（OBS）］を有効にします②。設定が終わったら、×ボタンをクリックしてカラーピッカーの画面を閉じます③。

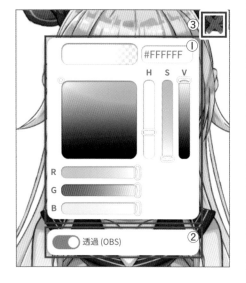

✎MEMO

背景は何色でもOK

背景は透過してしまうため、何色でも構いません。

26 これで VTube Studio の設定は完了です。次の COLUMN で実際に配信するための設定を行っていきます。

✎MEMO

小さいキャラクターを非表示にする

画面左下で左右に動いている小さいキャラクターは、Steam で「VTube Studio - Remove Watermark（https://store.steampowered.com/app/1520620/VTube_Studio__Remove_Watermark/）」を購入することで非表示にできます。

OBS Studio を設定する

配信アプリケーションにはいくつかありますが、本書では「OBS Studio」を紹介します。映像として出力したい PC 上で動作しているアプリケーションや画像などを指定し、それを音声や音楽と一緒に録画したり、YouTube や Twitch などを通じてのライブ配信ができます。
ここでは、VTube Studio のアバターを OBS Studio 上に表示させるまでの設定を行います。

1 OBS Studio は無料のアプリケーションです。早速インストールしていきます。OBS Studio のダウンロードサイト（https://obsproject.com/ja/download）にアクセスし、［ダウンロード インストーラ］をクリックします。

✐**MEMO**

macOS 版

OBS Studio の macOS 版をダウンロードする場合は、ダウンロードサイトにあるリンゴマークをクリックします。

2 ダウンロードした OBS Studio のインストーラをダブルクリックして開きます①。セットアップウィザードが表示されるので、画面の指示にしたがってインストールを進めます②。

インストーラをダブルクリック

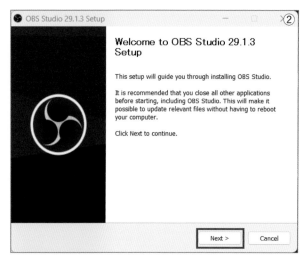

3 インストールが完了したら、デスクトップのショートカットアイコンをダブルクリック、もしくはスタートメニューのショートカットアイコンをクリックして、OBS Studio を起動します。

デスクトップのショートカット

スタートメニューのショートカット

4 下図は、OBS Studio 起動後の画面です。黒い領域が、配信時映像として出力される部分です。ここに、VTube Studio のアバターを表示させていきます。

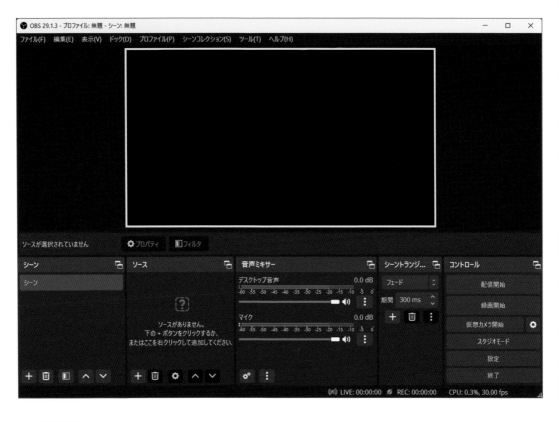

✎ **MEMO**

自動構成ウィザード

OBS Studio の初回起動時には、「自動構成ウィザード」が表示されます。配信の設定は手動で行ったほうが良いため、［いいえ］を選択しましょう。

5「ソース」パネルの［追加］ボタン**＋**をクリックします①。
［ゲームキャプチャ］をクリックします②。

6 ［ソースを作成／選択］画面が表示されるので、「VTubeStudio」という名前で新規作成します。

7 表示されたプロパティ画面で、［モード］を「特定のウィンドウをキャプチャ」にし①、［ウィンドウ］に VTube Studio を指定します②。［透過を許可］にチェックを入れ③、［OK］ボタンをクリックします④。

MEMO

VTube Studio を起動しておく

指定できるのは、PC 上で起動しているアプリケーションだけです。今回の場合は、VTube Studio を必ず起動しておきましょう。

8 これで、VTube Studio の表示画面が OBS Studio 上にも表示されます。このままでは面白みがないので、配信用に表示を調整していきます。

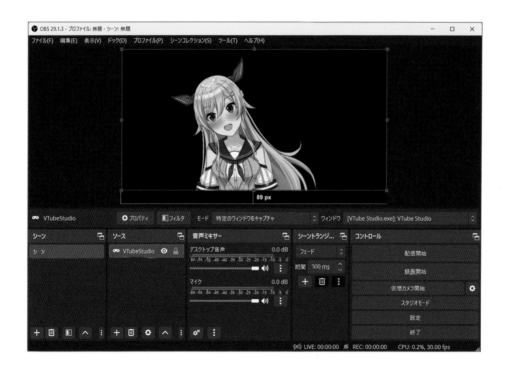

9 アバターの表示を小さくし、左下に配置してみます。

OBS Studio 上 に 表 示 さ れ て い る VTube Studio の画面をクリックすると、赤枠のバウンディングボックスが表示されるので、四隅のどこかをドラッグして縮小します①。

さらに、赤枠の中央をドラッグして、左下に配置します②。

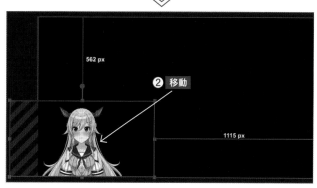

10 背景が真っ暗で味気ないので、画像を配置してみましょう。[ソース] パネルの [追加] ボタンをクリックし①、[画像] を選択しました②。

ここでは、Windows 標準搭載の画像を指定しています③。

MEMO

ゲームやお絵描き配信もできる

背景に画像ではなく、[ゲームキャプチャ] や [ウィンドウキャプチャ] でゲーム画面やペイントソフトの画面を指定すれば、ゲームの実況配信やお絵描き配信もできます。

11 画像が前面に表示されてアバターが隠れてしまっているので、表示順序を変えていきます。
OBS Studio 上に表示されている画像を右クリックし①、[順序] → [最下部に移動] を選択します②。

12 隠れていたアバターが表示され、背景にも面白みが出ました。これで、OBS Studio 上への表示
設定は完了です。次の COLUMN「YouTube で配信する」で実際にライブ配信する方法を解説します。

YouTube で配信する

前ページで設定した OBS Studio を使って、YouTube で配信してみましょう。

1 OBS Studio の［設定］ボタンをクリックします。

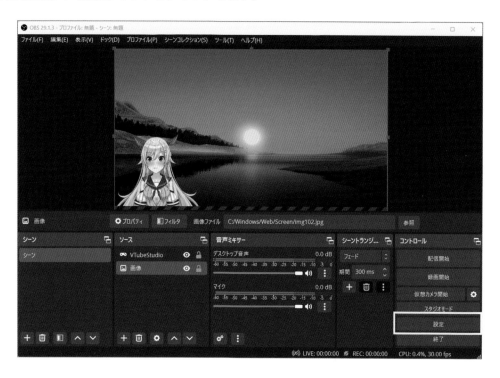

2「設定」画面が表示されるので、［配信］タブを選択します①。
［サービス］を「YouTube - RTMPS」にし②、［アカウント接続（推奨）］ボタンをクリックします③。Web ブラウザが起動するので YouTube アカウントでログインします。ログインが完了し、「設定」画面でアカウントの接続が確認できたら、［OK］ボタンをクリックします④。

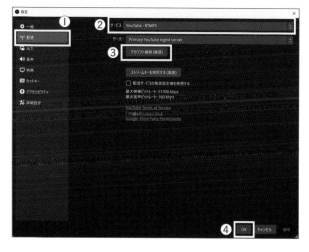

✎MEMO

YouTube へのログイン

YouTube での配信には、Google アカウントでのログインが必要です。さらに、YouTube のブランドアカウントの作成および電話による認証番号での本人確認が必要です。

✎MEMO

音声や映像の設定

［設定］画面で、音声入力で使うマイクや映像出力の解像度の設定もできます。

3 OBS Studio の［配信の管理］ボタンをクリックします。

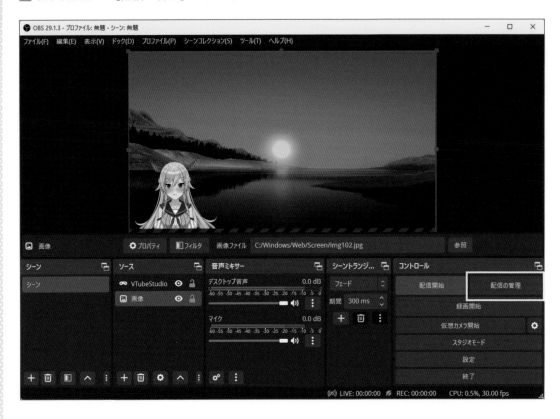

4「YouTube 配信の設定」画面が表示されるので、配信のタイトルや公開範囲といった必要事項を入力します①。
必要事項を入力したら、［配信を作成］ボタンをクリックします②。

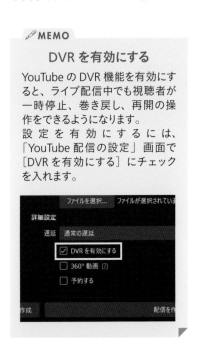

MEMO

DVR を有効にする

YouTube の DVR 機能を有効にすると、ライブ配信中でも視聴者が一時停止、巻き戻し、再開の操作をできるようになります。
設定を有効にするには、「YouTube 配信の設定」画面で［DVR を有効にする］にチェックを入れます。

5 これで YouTube での配信準備が整いました。最後に画面や音声などが正しくなっているかを
チェックします。問題がなければ、OBS Studio の［配信開始］ボタンをクリックすると、配信が
はじまります。

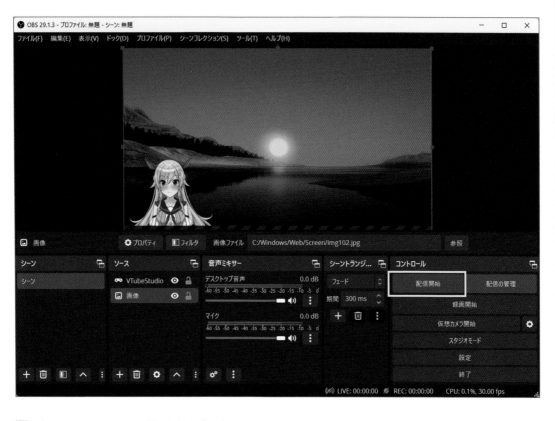

6 配信をやめるときは、［配信終了］ボタンをクリックします。

nizima LIVE でモデルを動かす

「nizima LIVE」は Live2D 公式トラッキングアプリです。Live2D モデルのトラッキングの他に、コラボ機能、アイテム機能など幅広い表現が可能です。直感的に操作しやすいのも特徴です。

nizima LIVE のダウンロード

nizima LIVE は、下記の公式サイトからダウンロードできます。まずはお試しに無料版から導入してみましょう。

・nizima LIVE 公式サイト
https://nizimalive.com/

※有料版は商用利用やコラボ機能制限解除などができます。詳しくは公式サイトをご確認ください。

nizima LIVE 活用方法

nizima LIVE には便利な機能が多数あります。ここではその一部を紹介します。

❶パーフェクトシンク機能
iPhone アプリ「nizima LIVE TRACKER」と接続し iPhone をカメラとして活用すると、ほほを膨らませる等のより豊かな表情をトラッキングで表現できます。

❷細かなトラッキング調整
顔の動きに合わせて、パラメータ単位で細かく動きの微調整を行うことができます。

🖉 **MEMO**

「nizima」でモデルを販売する

nizima はイラストや Live2D データの販売・購入・オーダーメイドの依頼ができる Live2D 公式マーケットです。特に数量 1 点限定モデルや、カスタム可能な汎用モデルが人気です。また、作成したモデルは、Live2D 作品コンテスト「にじコン」に応募することもできます。

・nizima 公式サイト　https://nizima.com/

Live2D Cubism Editorのツールバーにある、「nizima リンク」ボタンからアクセスすることもできます。

アニメーションの作成

Day8 と Day9 で「ポーズつき Live2D モデル」のモデリング & アニメーションの作成を行います。
この日は一歩進んだモデリングテクニックを紹介し、アニメーション作成の基本を解説していきます。

この日にできること

- ☑ ポーズラフの作成
- ☑ グルー機能の使い方を知る
- ☑ 一歩進んだモデリング
- ☑ アニメーションワークスペースの概要を知る
- ☑ 手を振るアニメーションの作成

01 アニメーション作成に入る前に

アニメーション作成の作業全体の大まかな流れを確認しましょう。
Day8 と Day9 では、キャラクターモデルにシーンごとのポーズをとらせるので、その動きを想定したラフを作成します。

アニメーション作成の流れ

右図は、Live2D アニメーションを作成する際の大まかな流れです。

まずはどういった動きをさせるのかを想定したラフや絵コンテを描いていきます。

配信用モデルと同じようにイラストを用意して Live2D Cubism Editor 用に加工し、モデリングワークスペースで「モデリング」を行います。

そして、アニメーションワークスペースで「アニメーション」を作成します。

作成したアニメーションは、さまざまなアプリケーションへの組み込み用ファイルや動画ファイルなどの形式で書き出せます。

手描きや CLIP STUDIO PAINT や Photoshop などのペイントソフト
動きのラフや絵コンテを作成する

CLIP STUDIO PAINT や Photoshop などのペイントソフト
イラストを用意する

CLIP STUDIO PAINT や Photoshop などのペイントソフト
イラストを Live2D 用に加工する

Live2D Cubism Editor モデリングワークスペース
モデリングをする

Live2D Cubism Editor 上での作業

Live2D Cubism Editor アニメーションワークスペース
アニメーションを作成する

Live2D Cubism Editor アニメーションワークスペース
動画や組み込み用ファイルとして書き出す

SNS へのアップロードやアプリケーションへの組み込み

STEP ……ポーズラフを作成する

アニメーションのシーンを想定したポーズラフを描きます。

ラフは、「キャラクターでやりたいこと」「キャラクターにとらせたいポーズ」を考えて描いていきましょう。

今回は「手をよく動かす」ことや「ノベルゲーム」などで動きそうなポーズを意識してみました。

下図は、「手を振る」「照れ」「驚き」のポーズラフです。このラフをベースに実際にアニメーションさせていきます。

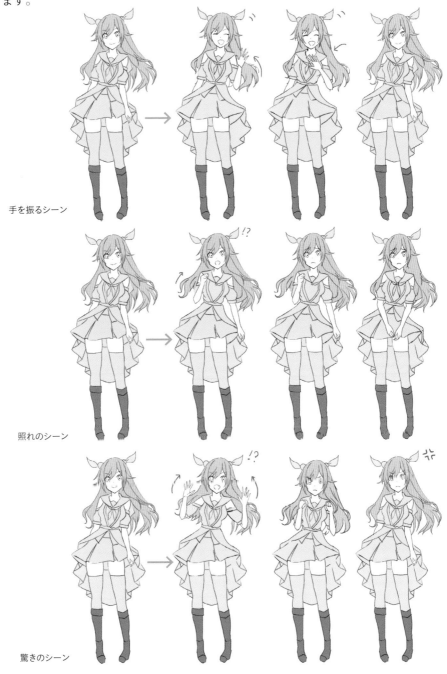

手を振るシーン

照れのシーン

驚きのシーン

02 モデリングをする

モデリングの作業は配信用モデルと同じように必要な工程です。アートメッシュ（p.36）を作成し、部位ごとの動きを設定していきます。各部位の動きの基本的な考え方や操作は配信用モデルと変わりませんが、今回作成するポーズモデル特有の動きもあります。それを中心に解説していきます。

グルー機能の使い方

グルー機能を使えば、2つのアートメッシュの頂点同士をバインド（吸着）させることができます。メッシュが連動してダイナミックな動きや伸縮性のある動きを作成できます。

バインドさせたい2つのアートメッシュを選択し、ツールバーの［メッシュの手動編集］を選択、メッシュ編集モード（p.17）にします①。ツール詳細パレットの［頂点とエッジ（線）の削除②］や［ドラッグでポリゴンを消去③］でバインドの接点となるアートメッシュを削除し、［頂点の追加④］で再度アートメッシュを作成します。メッシュは、［自動接続］を行い、アートメッシュを囲うようにきちんと閉じます。これで2つ重なるアートメッシュとなります。

［投げ縄選択⑤］でバインドさせたい頂点を囲って選択します。

［バインド］ボタンをクリックすると⑥、グルーが設定されるので、メッシュ編集モードを抜けます。

グルーの設定されたアートメッシュを選択すると、「Glue_アートメッシュ名」のタグが表示されます⑦。

☑CHECK

グルーの設定変更

「Glue」のタグをクリックすると、グルーツール（p.18）に切り替わります。「グルーの重み（重なった頂点が、2つのアートメッシュのどちら側に影響を受けているかの設定）」と「適用度（グルー設定の効果の度合い）」を設定できます。

ツール詳細パレットやインスペクタパレットで設定します。

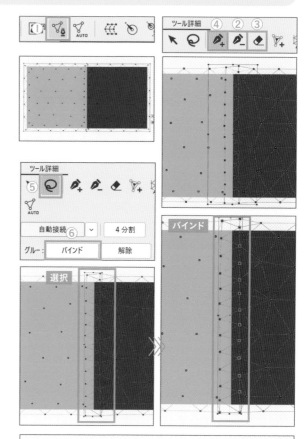

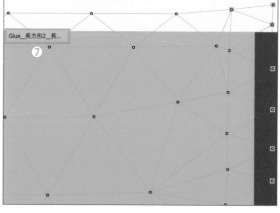

📁 live2Dbook ⟶ day8 ⟶ lv8_1.cmo3

STEP01……素材ファイルを読み込む

p.25 と同じように、完成イラストを Live2D Cubism Editor に読み込みます。

1 Live2D Cubism Editor を起動し、ポーズアニメーション用の完成イラストをモデリングワークスペースに読み込みます。

ドラッグ ＆ ドロップ

remi_pose.psd
.psd ファイル

✐ **MEMO**

イラストのポイント

配信用モデルと同じように、「CLIP STUDIO PAINT」で描きました。直立不動すぎると不自然なため、腰のくびれを意識して女性らしさを出しました。

また、「手の差分」を描いています。手を振ったり、腕を上げたときに手のひらをこちらに向けた手の差分に切り替えるアニメーションをつけます。さらに、手を握る動きを表現できるように、細かく間接の 1 つひとつをレイヤー分けして描いています。

手の差分のレイヤー

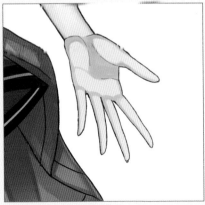

手の差分

完成イラスト

Day 8 ｜ アニメーションの作成

203

回転デフォーマ（p.106）を使って、腕の動きのパラメータ（p.52）を設定していきます。

1 腕は関節で部位を分けています。関節部分に回転デフォーマを作成していきます。まずは左腕を見ていきます。「左上腕」に回転デフォーマ「左腕の位置①」「左腕の回転②」、「左前腕」に回転デフォーマ「左前腕の回転③」、「左手首」に回転デフォーマ「左手首の回転④」を作成しました。

パラメータ［左肩上下⑤］［左上腕⑥］［左前腕⑦］［左手首⑧］を新規に作成し、回転デフォーマを個々に選択した状態でキーを追加します。

右腕も同じように作成しています。

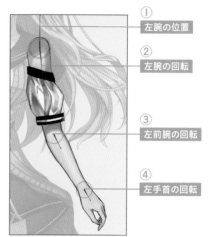

① 左腕の位置
② 左腕の回転
③ 左前腕の回転
④ 左手首の回転

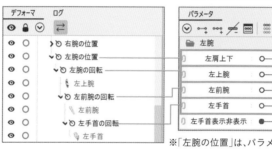

※「左腕の位置」は、パラメータ［体の回転 X］にもキーを作成して、左右にも動かせるようにしています。

2 **1**で作成したパラメータに動きを設定していきます。

肩の上下は大げさになりすぎないように注意します①。

上腕は、肩の横まで上がるような動きにしました②。

①

左肩上下

②

左上腕・右上腕

3 前腕は、パラメータに 7 つのキーを追加して動かしています。各キーに決めポーズとなる腕の動きを設定しました①。

手首にも回転を加えます②。前腕のみの回転で手を振るしぐさをすると、とても固い印象になってしまいます。実際に自分で手を振ってみると、手首も一緒に動いていることがわかります。

左前腕・右前腕　　　　　　　　左手首

4 右手首を曲げたときに、関節部の線が破綻してしまいます①。

そんなときは、「グルー機能（p.202）」で調整していきます。

「右前腕」と「右手首」を選択してメッシュ編集モード（p.17）にし、つなげたい部分のメッシュを再作成します。

ツール詳細パレットの［投げ縄選択］をクリックし②、再作成したメッシュを囲います③。

［バインド］ボタンをクリックすると④、グルーが設定されます⑤。

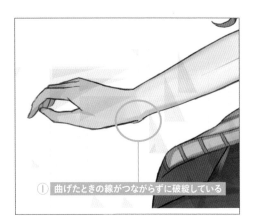

① 曲げたときの線がつながらずに破綻している

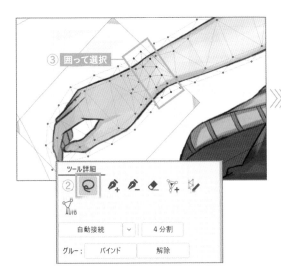

③ 囲って選択

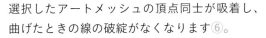

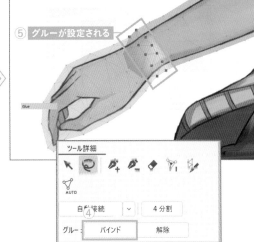

⑤ グルーが設定される

選択したアートメッシュの頂点同士が吸着し、曲げたときの線の破綻がなくなります⑥。

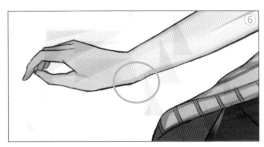

5 動きの最中にオブジェクト（p.52）の表示順番を前後させたいときがあります。そんなときは、パラメータ値によって、インスペクタパレットの［描画順］を変更します。

通常時は体の後ろにある右腕を、腕の曲げ具合によって体の前面に持ってきたいとします。［右前腕］のパラメータ値「0.0」のときは、「右前腕」の［描画順］を「500」に①、パラメータ値「30.0」のときは「600」にしました②。これで、腕が体の前後に移動するようになります。

パラメータ値「0.0」の描画順　　　パラメータ値「30.0」の描画順

STEP03……手の差分の動きを作成する

手の切り替えと握る動きを作成します。

1 表示切り替え用の手の差分は、指1本1本はもちろん、関節ごとにアートメッシュを分けて作成しています①。

まずは、通常時と差分の手の表示を切り替えられるようにし、できるポーズの表現を広げていきます。左手で解説します。

手の差分を構成しているアートメッシュをすべて選択し②、新規に作成したパラメータ［左手首表示非表示］に［キーの2点追加］をします③。

パラメータ値「0.0」のとき④、インスペクタパレットの［不透明度］を「0%」にします⑤。

パラメータ値「1.0」のとき⑥、［不透明度］を「100%」にします⑦。

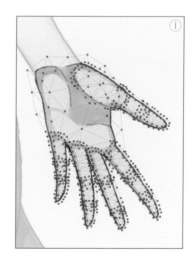
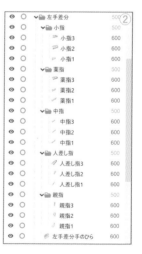

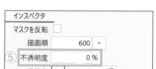

2「左手首」を選択し①、パラメータ［左手首表示非表示］に［キーの2点追加］をします②。
パラメータ値「0.0」のとき③、インスペクタパレットの［不透明度］を「100%」にします④。
パラメータ値「1.0」のとき⑤、［不透明度］を「0%」にします⑥。

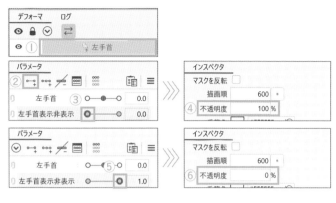

3［左手首表示非表示］のパラメータ値が「0.0」のときは、「左手首」が表示され①、「1.0」のときは手の差分が表示されるようになりました②。
右手も**1** **2**と同じように設定します。

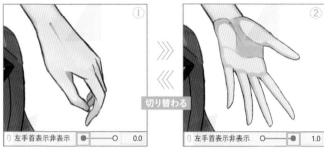

4手を握る動きを作成していきます。手の差分を構成するアートメッシュにワープデフォーマ（p.78）と回転デフォーマを作成し、パラメータ［右手差分握る］［左手差分握る］に動きを設定しています。細かい作業ですが、根気強く行います。

STEP04……瞳孔の収縮を作成する

まばたきや目の動きなども配信用モデルと同じように作成しています。それに加えて、今回は驚いたときの瞳孔の収縮の動きを作成しています。

1 瞳のアートメッシュを選択し、ワープデフォーマ「右目の拡縮」を作成します①。
作成したワープデフォーマを選択し、新規に作成したパラメータ[目玉拡縮]に[キーの3点追加]をします②。

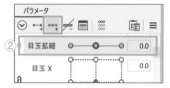

2 パラメータ[目玉拡縮]のパラメータ値を「-1.0」にし①、ワープデフォーマのバウンディングボックスの四隅を [Shift] + [Alt] +ドラッグします②。瞳の縦横比率を保ったまま、中心付近から縮小できます③。

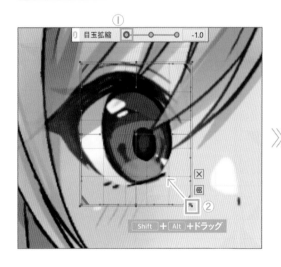

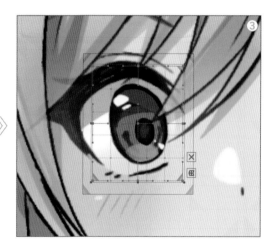

☑CHECK

パラメータのIDについて

モデルやアニメーションをUnityなどに組み込む場合は、パラメータのIDが重要となります。アプリケーションの開発者とIDの確認をし、すべてのIDを間違いのないように設定してから、アニメーションを作成しましょう。
アニメーションを作成してからIDを変更してしまうと、モデルとアニメーションのリンクが切れてしまうなどのトラブルが発生する場合があります。

No	名前		ID	最小値	デフォルト値	最大値	リヒ
1	角度	X	ParamAngleX	-30.0	0.0	30.0	
2	角度	Y	ParamAngleY	-30.0	0.0	30.0	
3	角度	Z	ParamAngleZ	-30.0	0.0	30.0	
4	左目	開閉	ParamEyeLOpen	0.0	0.8	1.0	
5	左目	笑顔	ParamEyeLSmile	0.0	0.0	1.0	
6	右目	開閉	ParamEyeROpen	0.0	0.8	1.0	
7	右目	笑顔	ParamEyeRSmile	0.0	0.0	1.0	
8	目玉拡縮		Param_kakusyuku	-1.0	0.0	1.0	
9	目玉	X	ParamEyeBallX	-1.0	0.0	1.0	
10	目玉	Y	ParamEyeBallY	-1.0	0.0	1.0	
11	右眉	変形	ParamBrowRForm	-1.0	0.0	1.0	
12	左眉	変形	ParamBrowLForm	-1.0	0.0	1.0	
13	右眉	角度	ParamBrowRAngle	-1.0	0.0	1.0	
14	左眉	角度	ParamBrowLAngle	-1.0	0.0	1.0	
15	右眉	上下	ParamBrowRY	-1.0	0.0	1.0	
16	左眉	上下	ParamBrowLY	-1.0	0.0	1.0	
17	右眉	左右	ParamBrowLX	-1.0	0.0	1.0	
18	右眉	左右					

STEP05……髪を2段階で動かす

髪揺れは、Day5と同じように揺れや顔の向きに合わせた動きを作成しますが、ここでは前髪の一部を2段階で揺らす動きを作成します。

1「前髪R」で見ていきます。
ワープデフォーマ「前髪Rの揺れ」を作成し、新規に作成したパラメータ［髪揺れ 前3］に動きを設定します。
「前髪R」全体が左右に動くようにワープデフォーマを変形します。

2「前髪R」のアートメッシュ自体にも動きを設定します。
新規に作成したパラメータ［髪揺れ 前4］に毛先の動きを設定します。

3［髪揺れ 前3］の左側にある［結合］ボタンをクリックして①、［髪揺れ 前4］と結合します②。
結合したパラメータをぐるぐる動かすと、髪が複雑かつなめらかに動きます。

※段階的な髪の揺れは、ブレンドシェイプ機能（p.169）を使って作成することもできます。

☑CHECK

パラメータをフォルダで管理する

VTube Studioを想定した配信用モデルと異なり、使うパラメータや数に制限がありません。パラメータが増えたら、フォルダを作成してパラメータグループとして整理するのがオススメです。「右腕」「左腕」のように関連するパラメータでまとめましょう。
フォルダの作成は、パラメータパレットの［新規フォルダの作成］ボタンをクリックします。

03 アニメーションワークスペースを知る

モデリングしたキャラクターを使って「アニメーション」を作成する際のワークスペースです。シーンを作成したり、タイムライン（p.212）上でキーフレームを打って動きを作る機能が用意されています。

アニメーションワークスペースの画面インターフェース

ツールバーの［ワークスペース切り替え］で「アニメーション」を選択すると、「アニメーションワークスペース」に表示を切り替えられます。

下図は、アニメーションワークスペースの画面です。このワークスペースの画面でできることを確認していきましょう。

① メニューバー　② ツールバー

③ パレット　④ ビューエリア　⑤ タイムライン

① **メニュー**（詳細は、p.17）
② **ツールバー**（詳細は、p.18）
③ **パレット**（詳細は、p.211）
④ **ビューエリア**（詳細は、p.211）
⑤ **タイムラインパレット**（詳細は、p.212）

※アニメーションワークスペースでは、「ワークスペース切り替え」「編集レベル切り替え」「nizima リンク」以外を選択できません。

※一部パレットは、p.19 と同じです。

パレット

モデリングワークスペースと同じパレットのほか、シーンパレット、テンプレートパレットが用意されています。

❶シーン

作成したアニメーションの1つひとつを「シーン」として管理するためのパレットです。

> ✏ **MEMO**
>
> ### シーンとは？
> アニメーションや映画などの映像において、1つの場所での動作や内容が一区切りするまでをシーンと呼びます。

❷テンプレート

まばたきや髪の揺れなどの動きを「アニメーションテンプレート」として登録しておけるパレットです。頻出する動きをテンプレートパレットから呼び出すことで、効率的にアニメーションの作成ができます。

ビューエリア

アニメーションワークスペースのビューエリアは「アニメーションビュー」となります。タブにはシーン名が表示されています。このビューエリアで動きを確認しながらアニメーションを作成していきます。

タイムラインパレット

タイムラインパレットでは、モデルが「どのタイミングで、どんな動きをしているか」を設定できます。

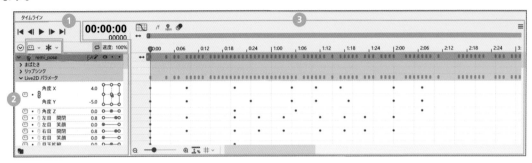

❶ 再生のコントロール

作成したアニメーションの再生に関するボタンが用意されています。

❷ トラックとそのプロパティ

モデリングで作成したパラメータやトラック全体のプロパティなどが表示されます。

❸ タイムライン

アニメーションのフレーム数（時間）やキーフレーム、タイムラインの表示オプションなどが表示されます。

［ドープシート］と［グラフエディタ］で表示内容が異なります。

タイムラインパレットの基本操作

アニメーションの作成は、ほとんどの作業をタイムラインパレットで行います。基本的な手順は単純ですが、細かい調整が必要な作業です。

1 タイムラインパレットにモデルを読み込みます。

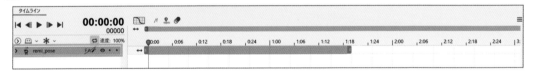

2 ［Duration］と書かれたグレーの部分が手のひらカーソルになったところでドラッグし、アニメーションシーン全体の時間を変更します①。

トラックの青色のバーの端をドラッグし、モデルの表示している時間を変更します②。

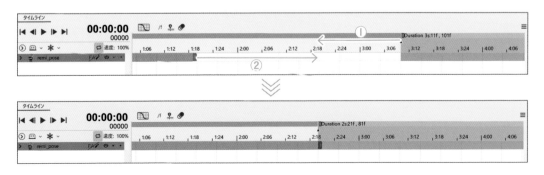

3 モデルの「トラック（青色のバー）」の左端の三角の［開閉］
ボタンをクリックし、「プロパティ」を展開します。

☑CHECK

ワークエリアの変更

シーン全体の長さを調整し
たら、「ワークエリア」の長
さも変更します。

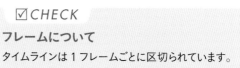

4 キーを挿入したいフレームを選択します。

☑CHECK

フレームについて

タイムラインは1フレームごとに区切られています。

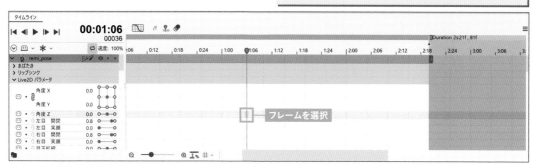

5「Live2D パラメータ」のプ
ロパティ以下にある、各パラ
メータを変更します①。
選択していたフレームにキーが
挿入されます。これが「キーフ
レーム」です。
キーフレームには、そのときの
モデルの動きが登録されます②。

6 **4** と **5** を繰り返してアニメー
ションを作成します。

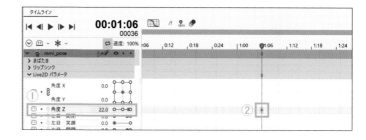

☑CHECK

キーフレームの編集

キーフレームはさまざまな方法で編集できます。

キーフレームの作成
フレーム上で Ctrl +クリックすると、キーだけを先に挿入できます。

キーフレームの削除
キーフレーム上で Ctrl +クリックすると、キーを削除できます。

キーフレームの移動
選択したキーフレームをドラッグすることでキーを移動できます。

複数のキーフレームを編集
タイムライン上をドラッグすることで、その範囲に含まれるキーフレー
ムを選択できます。

Day8

04 アニメーション作成の準備

ここからはアニメーションワークスペースでの作業です。「手を振る」アニメーション作成のための準備を行います。

📁 live2Dbook → day8 → lv8_1.can3

STEP …… アニメーションデータファイルを作成する

新規のアニメーションファイルを作成し、「02 モデリングをする」でモデリングしたポーズモデルを読み込みます。

1️⃣ 新規のアニメーションファイルを作成していきます。[ファイル]メニュー→[新規作成]→[アニメーション]を選択します①。
[アニメーションのターゲットバージョン選択]ダイアログでターゲットバージョンを選択します。今回は、組み込み用データとして作成するので、[SDK（Unity）]を選択し②、[OK]ボタンをクリックしました③。

2️⃣ 作成されたシーンの設定を変更します。シーンパレットで作成された「Scene1」を選択し①、インスペクタパレットで[シーン名]を「手を振る」に変更②、[縦横比を固定]のチェックを外し③、[サイズ（幅）]を「3000」、[サイズ（高さ）]を「5000」にしました④。

☑CHECK

ターゲットバージョンの変更

ターゲットバージョンは、アプリケーションへの組み込みや動画ファイルとしての書き出しなどの最終的な用途に応じて設定します。
Live2D Cubism Editor に用意されている機能で、出力先で表現できない機能があった場合に、機能を制限した画面表示にします。
アニメーションのターゲットバージョンはシーンごとに設定されており、インスペクタパレットの[ターゲット設定]の項目でいつでも変更できます。

3 「02 モデリングをする（p.202）」でモデリングしたポーズモデルを読み込みます。モデルデータファイル（.cmo3）をタイムラインパレットにドラッグ＆ドロップして読み込みます。すると、下図のようにモデルがビューエリア（p.211）に表示されます。

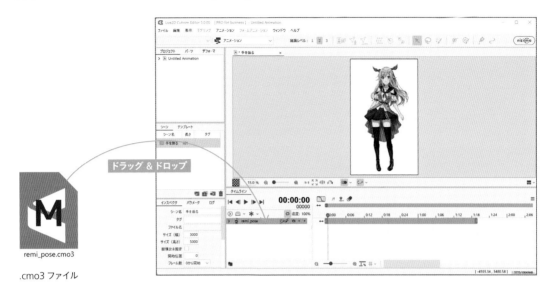

ドラッグ＆ドロップ

remi_pose.cmo3

.cmo3 ファイル

☑ **CHECK**

モデルをビューエリア内に収める

読み込んだモデルがビューエリアからはみ出していたり、サイズが大きすぎたり小さすぎたりした場合、インスペクタパレットでビューエリアのサイズを変更したり、モデルのバウンディングボックスをドラッグして位置やサイズを調整しましょう。

---

4 アニメーションデータファイル（.can3）として保存していきます。このファイルには、アニメーション作成の作業状態が保存されています。

［ファイル］メニュー→［別名保存］を選択し①、ファイル名をつけて保存します②。

モデルデータファイルと同じフォルダに保存しておいたほうが、管理がしやすいためオススメです。

Live2D Cubism Editor を閉じてしまっても、保存したアニメーションデータファイルを読み込めば、保存した時点の作業から開始できます。

05 手を振るシーンを作成する

タイムライン上にキーフレームを作成し、モデルを動かしてアニメーションにしていきます。アニメーション作成の基本的な流れは、決めのポーズを作成する（原画）→決めのポーズと決めのポーズの間の動きを作成する（動画）です。

📁 live2Dbook → day8 → lv8_2.can3

STEP01……原画となるキーフレームを作成する

決めのポーズ（原画）は、ポーズラフ（p.201）を参考に作成します。手の動きを起点に各パラメータを動かして、キーフレームを作成していきます。

1 0フレームの地点のポーズを決めます。

手を振る動きでは動かさないパラメータもありますが、慣れないうちは、作業開始の段階でどのパラメータを動かすのかがわからないと思うので、0フレームにはすべてのパラメータのキーフレームを作成します。

デフォルトのポーズから、ほんの少しだけパラメータ［角度X］と［角度Y］を動かしてポーズを調整しました。

2 腕を振り上げたときの動きを作成します。ポーズラフを見ながら、キーを打ちたいフレームを選択し①、各パラメータを変更します。

左腕に関するパラメータは②のようにし、腕を振り上げて左手の差分が表示されるようにしました③。

腕を振り上げる動き

※ここでは、51フレームにキーフレームを作成

3 右図は、腕を振り上げたときのポーズの全体です。目や口のパラメータも変更し、表情を笑顔にしています。

✏ **MEMO**

原画とは?

決めのポーズを「原画」といいましたが、アニメーション業界においては、動きの重要なポイントとなる絵のことを差します。

☑ **CHECK**

まばたきのタイミング

人間は、何かのアクションを起こす前に一度まばたき（目パチ）をすることがほとんどです。たとえば、誰かに肩をポンポンと叩かれて呼ばれたときは、首をぐるっと動かして振り向きますよね?　振り向く前に人間は無意識にまばたきをしていると思います。

アニメーションを作成する際も、「何かアクションをする直前でまばたきをする」ことを念頭に置いています。

今回の手を振るアニメーションでは、手を振る少し前に目を閉じ、笑顔の状態から手を振るようにしてみました。

17 フレームまでは目を開いておきます（パラメータ［左目 開閉］［右目 開閉］のパラメータ値を「1.0」のままにする）。

17 から 23 フレームにかけて目を閉じます（パラメータ［左目 開閉］［右目 開閉］のパラメータ値を「0.0」にする）。

23 から 26 フレームにかけて笑顔にします（パラメータ［左目 笑顔］［右目 笑顔］のパラメータ値を「1.0」にする）。

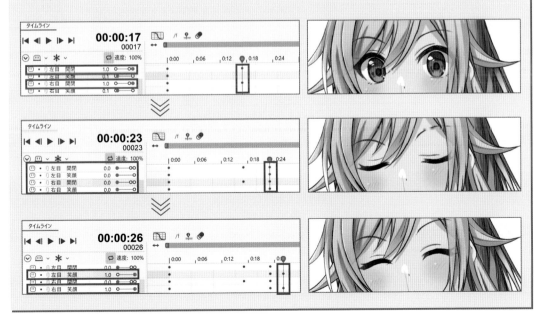

4 手を振る動きを作成します。キーを打ちたいフレームを選択し①、左腕に関するパラメータは②のようにして手を振りました③。

手を振る動き

※ここでは、106フレームにキーフレームを作成

5 右図は、手を振ったときのポーズの全体です。表情は笑顔のままです。

6 手を振り終わり、腕を下げる動きを作成します。キーを打ちたいフレームを選択し①、左腕に関するパラメータは②のようにして左腕を下げました③。

左腕を下ろす動き

※ここでは、142フレームにキーフレームを作成

7 右図は、左腕を下げたポーズの全体です。０フレームの地点に近いポーズで、表情も元に戻しました。

☑*CHECK*

大まかな動きから作成する

はじめから詳細な動きを作成してもうまくいきません。だいたいで構わないので、まずは、大まかな動きから作成していきましょう。タイムラインのフレームの位置や細かいパラメータの設定は、全体の動きが見えてきたところで調整します。

☑*CHECK*

シャイ機能

プロパティ以下に表示されているパラメータを非表示にする機能です。パラメータが多いとどれを設定しているのかがわかりにくいので、必要のないパラメータを非表示にしておくと効率的に作業できます。
非表示にしたいパラメータの左にある［シャイボタン］をクリックします①。
トラックの上にある［シャイボタン］をクリックすると②、パラメータを非表示にできます③。
もう一度、トラックの上にある［シャイボタン］をクリックすると元の表示に戻ります。

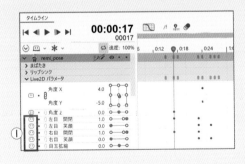

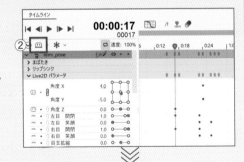

③ **シャイ機能を設定したパラメータが非表示になる**

決めのポーズを作成しただけでは、人間らしい動きにはなっていません。そのため、決めのポーズと決めのポーズの間の動きである動画を作成します。動きが洗練されなめらかになります。

1 0 フレームから腕を振り上げるまでゆっくりと動いていくようになっていますが、腕の振り上げにメリハリを出していきます。
腕を振り上げる前のフレームを選択し、そこまでは腕を下げているようパラメータを調整します。
左手の差分も腕を振り上げる直前まで切り替わらないようにします。

タイムライン															

00:01:08
00038
速度: 100%

左腕
左肩上下　　0.8
左上腕　　23.0
左前腕　　0.0
左手首　　-8.4
左手首表示非　0.0

※ここでは、38 と 40 フレームに動画のキーフレームを作成

📝MEMO

動画とは?

決めのポーズと決めのポーズの間の動きを「動画」といいました。アニメーション業界では「中割り」とも呼ばれ、原画と原画の間をつなぐ絵のことを差します。

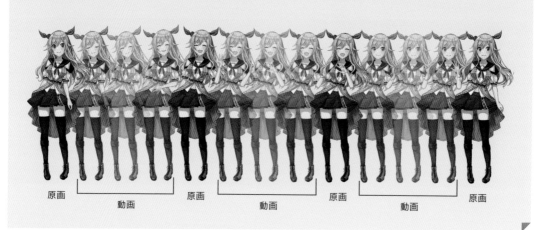

原画　動画　原画　動画　原画　動画　原画

☑CHECK

部位ごとに動きをずらす

各部位は同時に動かさず、少しずつフレームをずらして動かしたほうが、複雑なアニメーションになります。動きの固さもなくなり、人間らしくなります。

2 手を何回か振るように動画を作成します。さらに、タメの予備動作で動きに緩急をつけていきます。まず、腕の振り上げの原画と手を振る原画の間に、3つの動画を作成します。

①の動画はタメの予備動作です。一定のテンポだった手の振りに緩急がついて活き活きとします。②の動画は左に振る動き、③の動画は右に振る動きです。

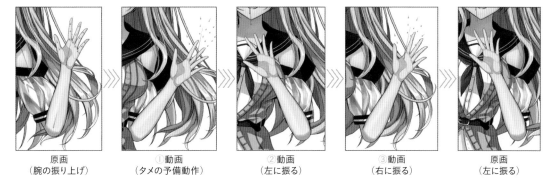

原画　　　　①動画　　　　②動画　　　　③動画　　　　原画
（腕の振り上げ）（タメの予備動作）（左に振る）　（右に振る）　（左に振る）

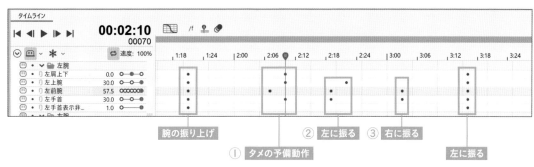

※ここでは、67、70、79、82、93 フレームに動画のキーフレームを作成

3 手を左に振る原画と腕を下ろす原画の間にも動画を作成します。腕を下ろす直前にもタメの予備動作を入れています。

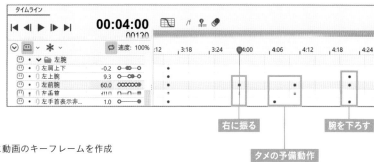

※ここでは、120 と 131 フレームに動画のキーフレームを作成

✎MEMO

タメの予備動作とは？

タメの予備動作とは、アクションを行う前の動きのことです。とくに、狙ったアクションの、前の勢いをつけるための動きを差します。このタメの予備動作を少し誇張して表現すると、キャラクターが活き活きとします。

たとえば、ボールを投げるときにいきなり手を前に動かしてボールを投げるより、肩より後ろに腕を大きく振りかぶると思います。この振りかぶる動きのおかげで、ボールを投げる勢いが増します。

STEP03……体重移動を作成する

人間は、手や足などの部位だけで動くことはほとんどありません。手を振るだけの動作だと動きが固くなってしまいますが、動きに合わせた体重移動を加えることで人間らしさが出ます。

1 パラメータ［体の回転 X］［体の回転 Y］［体の回転 Z］のキーフレームを作成し、体重移動をさせていきます。画面右側へ体を傾けて手を振っているので、手を振る直前に一度体を反対側の画面左へ倒します。これが手を振る直前のタメの予備動作になります①。
そこから画面右側へ体を戻しながら決めポーズである腕の振り上げへ流れていくと、動きが活発になります②。

※右図はオニオンスキンで直前の軌道を赤色で表示しています。

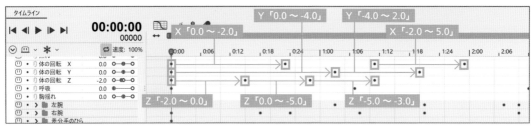

2 体の傾きだけでなく、頭も少し傾けます。パラメータ［角度X］［角度Y］［角度Z］を体の動きに合わせて動かします。とくに、腕を振り上げるタイミングで画面右に大きく動かしてあげると、元気な女の子をイメージが強調されます。

※右図はオニオンスキンで直前の軌道を赤色で表示しています。

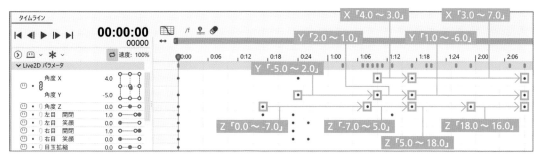

☑CHECK

キャラクターは常に動いている

手を振っている間も直立不動ではなく、体重移動があることを意識しましょう。体を左右に大きくゆっくりと揺らすと、生きている感じが出ます。
体重移動で使うパラメータは［体の回転X］［体の回転Y］［体の回転Z］、そして［角度X］［角度Y］［角度Z］が主ですが、左右の腕やスカートの揺れも体の動きに合わせることでリアリティが出ます。
キーフレームは、間隔を空けて作成するとゆったりとした動きにしやすいです。

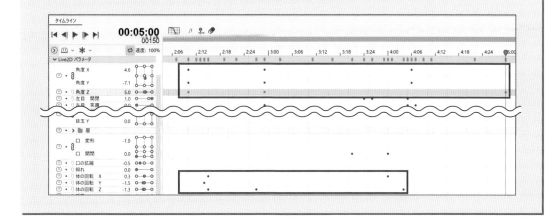

呼吸はそれだけでキャラクターが動いているように見えます。設定は簡単なので、アニメーションを作成する際は必ず設定しましょう。

1 パラメータ［呼吸］を一定の間隔で動かしていきます。パラメータ値「0.0」と「1.0」を行き来させます。これだけで、息を吸って吐いているように見えます。息が荒く見えないよう、40フレーム以上の間隔を空けました。

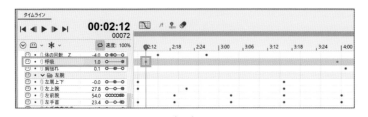

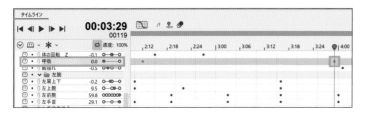

☑CHECK

呼吸に変化をつける

基本的に呼吸は一定ですが、アクションをする前に変化をつけると動きに複雑性が出ます。今回でいえば、手を振る前の呼吸に変化をつけています。
0フレームから38フレームでパラメータ［呼吸］のパラメータ値を「0.0〜0.8」の変化にとどめ、手の振りはじめの38フレームから72フレームでパラメータ値を「0.8〜1.0」とすることで一気に息を吸い込んでいます。その後の呼吸は一定です。

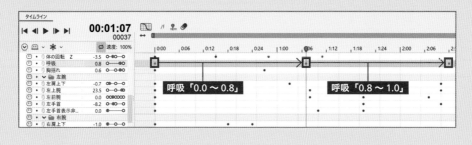

今回は、髪のパラメータを細かくモデリングしているので、複雑な動きが作れます。ふんわりとするように動かし続けることでランダム性が生まれます。また、大げさに動かすことでキャラクターらしさも強調されます。髪の動きは、今回のような立ちポーズのアニメーションではとくに重要です。

1 髪はゆっくりと大きく動かすのがポイントです①。キーフレーム同士の間隔を空けて、パラメータ値を大きく変えて設定します②。

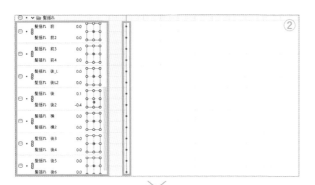

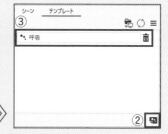

キーフレーム同士の間隔を空けて設定

☑CHECK

アニメーションテンプレートの作成方法

タイムラインに設定した動きは、テンプレートパレット（p.211）に登録しておきます。
タイムラインパレット上の、アニメーションテンプレートにしたいフレームを選択します①。
テンプレートパレットの［新規テンプレートの作成］ボタンをクリックし②、テンプレート名を入力して登録します③。

シーン	テンプレート

③

呼吸

呼吸　　0.3

① パラメータのフレームを選択

②

live2Dbook → day8 → lv8_3.can3

さまざまなシーンを作成する

キャラクターモデルにつけたポーズアニメーションは「手を振る」以外のシーンも作成しました。それぞれのポイントを1つひとつ見ていきましょう。

・待機モーションのシーン

キャラクターがポーズやアクションをしていない自然体の状態です。作成する上で大切なのは「自然な呼吸と動き」です。まず「自然な呼吸」ですが、パラメータ［呼吸］を一定の間隔で動かすだけで呼吸をしているように見えます。
次に「自然な動き」ですが、待機モーションとはいえ棒立ちでは面白みがありません。この「自然な動きの作成」には、大きく4つのポイントがあります。

①上半身の体重移動
パラメータ［体の回転X］や［体の回転Z］を動かすことで上半身全体の体重移動をさせ、動きをつけます。左右に大きくゆっくりと動く体の動きが、キャラクターの生きている感じを出します。

②頭の向きや傾き
時々ちょこっと首を傾げるような感じにしたり、［体の回転Z］が左へ傾いたら、［角度Z］で首も左へ傾けています。

③髪の揺れを大きくつける
実際のリアルさとは離れますが、髪をふんわりと動かすことで間をもたせることができます。

④まばたきのタイミング
ほかと同じように、「アクションをする直前でまばたきをする」ようにしたいのですが、待機モーションの場合は特徴的な動きもないので、息を吸うタイミングでまばたきを入れました。

> 🖊 **MEMO**
> **リアルな動きを作成するために必要なこと**
> アニメーションとしての動かし方に正解はありませんが、セオリーはあります。普段から人間や物の動きを観察したり、アニメを見たりといった経験が大切です。

・照れのシーン

照れて赤面するシーンです。動きで大切なのは「タメの予備動作と表情」です。

照れる瞬間に体を大きくのけぞらせますが、「タメの予備動作」として、体を沈み込ませるように前に倒します。照れる前と後で体を大きく上下させることで動きに緩急をつけます。

髪も一度体に沿うように全体的に収縮させ、体が後ろに引いた直後にふんわりと広がるようにすると華やかなモーションになります。

「表情」は、いきなり目を大きく開いて赤面するよりも、頭を少し下げて目を閉じ、体をのけぞらせた直後に目を見開きます。

また、まばたきの回数を少し多くしてあげると、リアリティが増します。

照れる直前に体が沈む

体がふんわりとのけぞる

・驚きのシーン

両手を上げて驚くシーンです。照れのシーンと同じように、大切なのは「タメの予備動作と表情」です。

「タメの予備動作」として、両手を上げて驚く前に、体を沈み込ませるように前に倒し、少しうつむきます。驚く瞬間は、パッと両手を上げて体を大きくのけぞらせます。

「表情」は、眉毛を怒ったような形にすることで、驚いて身構えているような様子になります。［目玉拡縮］のパラメータ（p.52）で、瞳も小さく収縮させます。

驚く直前に体が沈む

体がパッとのけぞる

📁 live2Dbook → day8 → lv8_4.can3

グラフエディタ

グラフエディタを使えば、パラメータの変化を視覚的に確認できます。緩急のついた動きを作成したい場合に便利です。

1 デフォルトのタイムラインは、キーフレームを点で表している［ドープシート］で表示されていますが、［編集モードの切り替え］ボタンをクリックすると、タイムライン上がグラフで表示された［グラフエディタ］に切り替わります。

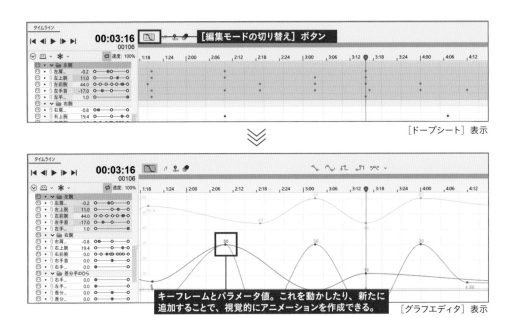

2 下図は、手を振るシーンのパラメータ［左前腕］を選択したときのグラフです。ドープシートでキーフレームを打っただけでは、一定の山なりのカーブになりがちです。これだと動きも一定になってしまうので、カーブを調整したり、キーフレームを追加することによって動きに緩急を出せます。

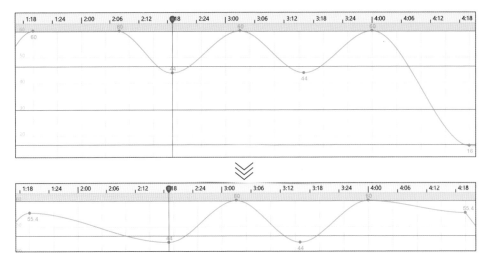

※本書特典のサンプルモデルデータには、各シーンごとにグラフエディタ使用前と使用後を収録しています。それぞれ見比べてみてください。

ボイスを入れる

動いているキャラクターにボイスがついたら楽しいですよね。この日は、Day8 で
作成したアニメーションにボイスを入れてみましょう。本書の特典として 35 種類
のボイスデータを用意していますので、その中の一部を使った例を紹介します。

この日にできること

- ☑ ボイスデータの読み込み
- ☑ 口パクの作成
- ☑ モーションファイルの書き出し

01　ボイスデータを読み込む

Day8 で作成した「手を振る」アニメーションシーンに、音声ファイルを読み込みます。

Live2D Cubism Editor に読み込めるファイル形式

Live2D Cubism Editor では、「WAV 形式ファイル（.wav）」のボイスデータのみ読み込みが可能です。

※ WAV 形式であっても、一部サポートされていない形式のものがあり、警告が表示されて読み込めない場合があります。そんなときは、16bit、44100Hz の WAV 形式にエンコードを行うことで、読み込める可能性があります。

✐MEMO

WAV 形式へのエンコード

ボイスデータが WAV 形式でない場合は、「iTunes」などのアプリケーションを使うか、オンラインの変換ツールサイトを利用して WAV 形式にエンコード（変換）しましょう。

📁 live2Dbook ⁓ day9 ⁓ lv9_1.can3

STEP01……WAV 形式ファイルを読み込む

ボイスデータをタイムライン上に読み込み、タイミングを調整します。

🔢1 シーンパレットで「手を振る」シーンを選択し①、表示されたタイムラインパレットに WAV 形式のファイルをドラッグ＆ドロップします②。
ここでは、「01_やっほー.wav」「03_おはよ.wav」を読み込みました。タイムライン上にボイスのトラックが作成されます③。

② ドラッグ＆ドロップ

01_やっほー.wav　　03_おはよ.wav

.wav ファイル

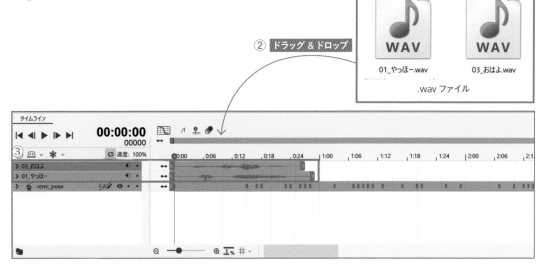

STEP02……ボイスの開始フレームを変更する

手の振りとボイスが合うようにしていきます。

1 「やっほー」の音声のはじまりが、手の振りはじめのフレームと重なるように移動させます。
「01_ やっほー .wav」のトラックの ↔ をドラッグして移動させました。

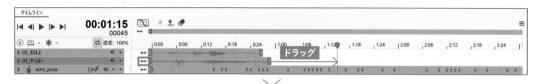

※ここでは、49 フレームからボイスが再生されるように移動

2 1 と同様に、「03_ おはよ .wav」もトラックの ↔ をドラッグして移動させます。

※ここでは、87 フレームからボイスが再生されるように移動

02　ロパクを作成する

タイムラインにキーフレームを作成し、読み込んだボイスに合わせたロパクを作成します。

📁 live2Dbook → day9 → lv9_2.can3

STEP01……「やっほー」のロパクを作成する

「やっほー」のボイスに合わせてロパクを作成していきます。パラメータ（p.52）[口 変形] と [口 開閉] で口の形を、[口の拡縮] で口の大きさを設定します。

1 まず、ロパクをはじめる前の閉じ口のキーフレームを作成します。

※ここでは、44フレームにキーフレームを作成

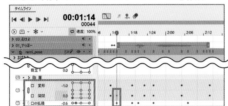

発声前の閉じ口

2 「やっほー」の「やっ」の発声のキーフレームを作成します。ボイスに合わせて、口の形を変形しました。[口の拡縮] のパラメータ値を「0.0」にすることで、口を大きく開けています。

※ここでは、49フレームにキーフレームを作成

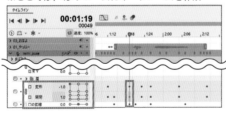

「やっ」の口の形

3 次の発声の前にいったん口を閉じます。
[口の拡縮] のパラメータ値を「-0.6」にして、小さく閉じるようにしました①。
口の形は、むすんだ状態です②。

※ここでは、51と53フレームにキーフレームを作成

「ほ」の発声の前に一瞬閉じる

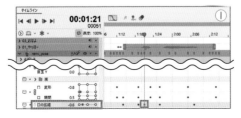

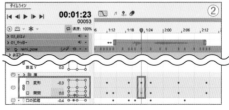

4 「やっほー」の「ほ」の発声のキーフレームを作成します。ここも、[口の拡縮]のパラメータ値を「0.0」にすることで、口を大きく開けています。

※ここでは、56 フレームにキーフレームを作成

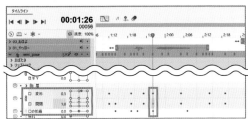

「ほ」の口の形

5 「ほ」の発声を伸ばします。パラメータ [口 変形] と [口 開閉] は、4 の形を維持するようにキーフレームを作成します①。
発声中に [口の拡縮] のパラメータ値を「-0.5」のキーフレームを作成することで、口の形を維持したまま開き具合が小さくなっていきます②。

「ほー」と発声を伸ばす。徐々に口が閉じていく

※ここでは、65 と 67 フレームにキーフレームを作成

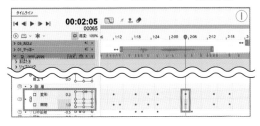

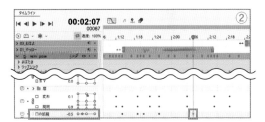

6 ボイスが終わったら、閉じ口に戻します。

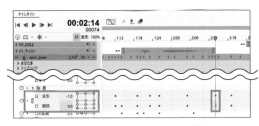

発声後の閉じ口

※ここでは、74 フレームにキーフレームを作成

「おはよ」のボイスにも口パクを作成していきます。

1「やっほー」のときと同じように、パラメータ［口 変形］と［口 開閉］で口の形を、［口の拡縮］で口の大きさを設定します。

「お」の口の形

2 口パクの作成が終わったら、ボイスと体全体の動きのタイミングを微調整して完成です。

「は」の口の形

「よ」の口の形

☑ *CHECK*

モーションシンクでボイスデータから口の動きを生成

モーションシンクは Live2D Cubism 5.0 で追加された機能で、音声に合わせたリアルな口の動きを実現できます。指定した音声データと作成した口の形状をブレンドすることで口の動きを自動作成します。
「モデリングワークスペース」でモデルデータを開き、パラメータパレットのメニュー≡→［モーションシンク設定］をクリックし、表示されたダイアログで設定します。設定は、音声を再生しながら、ビュー上のモデルの口を動かしながら行います。

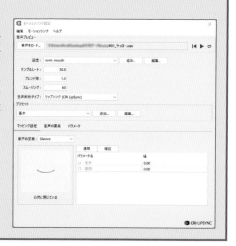

03 組み込み用 モーションファイルを書き出す

アニメーションをアプリケーションに組み込むために必要なモーションファイルを書き出します。

STEP ……motion3.json 形式で書き出す

アニメーションのモーション情報が記載された「motion3.json 形式」のファイルを書き出します。このファイルは JSON 形式で記載されており、moc3 ファイルやテクスチャファイルなどを結びつけるためのモーション情報が記載されています。

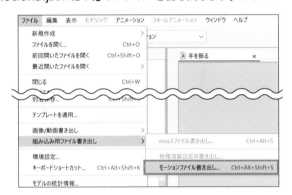

1 シーンパレットでモーションとして書き出したいシーンを選択し、[ファイル] メニュー → [組み込み用ファイル書き出し] → [モーションファイル書き出し] を選択します。

2 [モーションデータ設定] ダイアログが表示されるので、組み込み先の条件に合わせて設定し、[OK] ボタンをクリックして書き出します。
今回は、[書き出しシーン設定] で「選択中のシーンを出力」にチェックを入れ、ほかはデフォルトの設定で書き出しました。

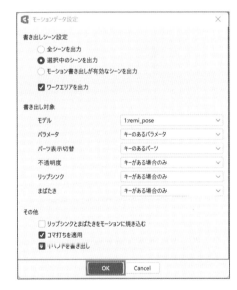

※作成したすべてのアニメーションシーンを書き出したい場合は、[書き出しシーン設定] で「全シーンを出力」にチェックを入れます。

※モーションファイルを含む書き出したファイル一式は「live2Dbook → day9 → remi_pose」に保存されています。

> ☑CHECK
> **アニメーションの最終チェック**
> 書き出す前にアニメーションを再生して最終的な動きの確認をしましょう。違和感があったら適宜修正します。

> ☑CHECK
> **モデルの書き出しも必要**
> アプリケーションへの組み込みには、moc3 ファイルの書き出しも必要です（p.167）。テクスチャアトラス（p.164）も忘れずに作成しましょう。

> ☑CHECK
> **ほかの書き出し**
> アニメーションシーンは、GIF アニメや動画ファイル（p.250）として書き出すこともできます。

📁 live2Dbook → day9 → lv9_3.can3

ほかのシーンにもボイスを入れる

「照れ」や「驚き」のシーンにもボイスを入れました。ボイスデータの読み込み→口パクの作成→全体の動きの微調整の手順は変わりません。

1 「照れ」のアニメーションには、「11_わぁ.wav」と「12_なんだよぉ.wav」のボイスデータを入れました。
赤面して体を大きくのけぞらせるタイミングで「わぁ」、しばらくして赤面しながら「なんだよぉ」と発声するようにしています。

シーン	テンプレート		
シーン名		長さ	タグ
🎬 照れ		101	
🎬 照れ		200	グラフエディタ調整
🎬 照れ		200	グラフエディタ調整　ボイスあり
🎬 驚き		101	
🎬 驚き		101	グラフエディタ調整

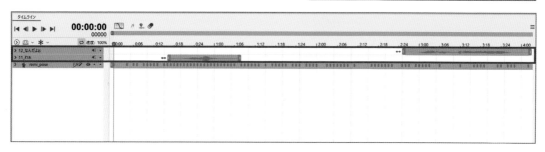

2 「驚き」のアニメーションには、「18_わぁ（驚き）2.wav」「19_びっくりした.wav」のボイスデータを入れました。
「照れ」のときと同じように体を大きくのけぞらせるタイミングで「わぁ」、その後の少し怒っているタイミングで「びっくりした」と発声するようにしました。

シーン	テンプレート		
シーン名		長さ	タグ
🎬 照れ		200	グラフエディタ調整
🎬 照れ		200	グラフエディタ調整　ボイスあり
🎬 驚き		101	
🎬 驚き		101	グラフエディタ調整
🎬 驚き		118	グラフエディタ調整　ボイスあり

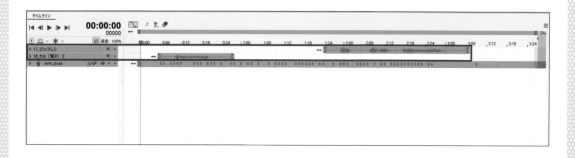

3 本書特典として、ほかにもボイスデータが用意されています。ぜひいろいろなパターンを試してみてください。

背景つきイラストに
命を吹き込む

インターネット上で目に触れることの多い Live2D 作品は VTuber を意識した配信用モデルがほとんどですが、背景までを含めたイラストを動かせることも Live2D Cubism Editor の醍醐味です。自分が描いたイラストに命が吹き込まれる、世のイラストレーターの夢を叶えるツールです。

この日にできること

- ☑ 絵コンテの作成
- ☑ 背景つきイラストの作成
- ☑ シーン内でカットを分ける
- ☑ カメラワークの作成
- ☑ フォームアニメーションを知る
- ☑ 動画ファイルの書き出し

01 アニメーションの流れを考える

背景つきのイラストを動かすにあたって、まずはどういったアニメーションにするのかをきちんと考えていきます。

STEP ……絵コンテを作成する

絵コンテを描いて、どのようなアニメーションにするかを考えます。

今回のアニメーションは1つのイラストをぐるぐる動かし、スマートフォンゲームのキャラクター登場シーンのようなイメージで作成していきます。

このアニメーションでは大きく3つの場面カット（p.244）に分けることを想定しており、カット1は「足元から髪に向かってのカメラワーク」、カット2は「顔をアップにしてアイスをなめるしぐさ」、カット3は「カメラを引いてイラスト全体をゆっくりと見せる」ようにしていきます。

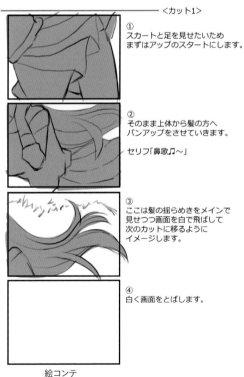

―― <カット1>

① スカートと足を見せたいためまずはアップのスタートにします。

② そのまま上体から髪の方へパンアップをさせていきます。

セリフ「鼻歌♫～」

③ ここは髪の揺らめきをメインで見せつつ画面を白で飛ばして次のカットに移るようにイメージします。

④ 白く画面をとばします。

絵コンテ

―― <カット2>

⑤ 次のカットでは顔をアップにしつつアイスをなめるシーンキャラの顔の可愛さを出します。

⑥ 笑顔でこっちをみてアイスをこちらに差し出すようにします。

―― <カット3>

⑦ 全体に画面を引きつつキャラをふんわり動かして

⑧ 最終のイラストの決めを見せます。

✏ MEMO

カメラワークとは？

カメラワークとは、撮影技術の総称です。アニメーションにおいては「どのように画面を動かして、絵を見せていくか？」という技術を指します。

✏ MEMO

絵コンテとは？

映像制作における設計図のようなものです。キャラや背景の動き、エフェクトのかけ方などを、イラストと文章で書き出しておきます。

02 モデリングをする

これまでと同じようにモデリングをします。今回はキャラクターだけでなく、背景やエフェクトも個々の要素として分け、アートメッシュ（p.36）やデフォーマ（p.78）といったオブジェクト（p.52）を作成して動きを設定していきます。

🗁 live2Dbook ⟶ day10 ⟶ lv10_1.cmo3

STEP01……素材ファイルを読み込む

p.25と同じように、完成イラストをLive2D Cubism Editorに読み込みます。

1 背景つきアニメーション用の完成イラストをモデリングワークスペースに読み込みます。

remi_background
.psd

ドラッグ＆ドロップ

✎MEMO

イラストのポイント

キャラクターに加えて、背景やエフェクトも描いて一枚絵として仕上げます。
キャラクターはもちろん、背景も細かくレイヤーを分け、それぞれ独立した要素として使えるようにしました。
空気感を出すために、レンズフレアや光の効果などのエフェクトも描いています。
一点注意として、エフェクトを描く際には、さまざまな合成モードを使用することになります。Live2D Cubism Editorにはブレンド方式として「通常」「加算」「乗算」しかないので、「スクリーン」や「オーバーレイ」などを使ってイラストを仕上げた場合には、それらの調整が必要となります。

完成イラスト

背景のレイヤー分け

背景とエフェクト

キャラクターの動きの作成は、基本的にこれまでと同じです。ここではポイントとなるところを解説します。

1 各パラメータ（p.52）に動きを設定していきます。今回はキャラクターと背景があるので、わかりやすいようにキャラクターに関するパラメータだけをパラメータグループにまとめました。

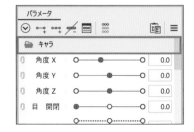

2 今回は絵コンテで想定した「決まった動き」があるので、極端な話、その動きだけができれば問題ありません。そのため、配信用モデルと異なり、すべての部位があらゆる角度に対応できるようにパラメータを設定する必要はありません。

たとえば、左腕は髪をかき分けるしぐさだけを行いたいため、それ以外の動きを作成する必要がありません。

ワープデフォーマ「左手の曲面」「左手の曲面2」、回転デフォーマ「左手の回転」「左手上腕の回転」の動きを、パラメータ［左腕］にまとめて設定しています①。

パラメータ値を「-30.0」から「30.0」にスライドさせるだけで、髪をかきわける分けるしぐさをできるようにしました②。

1つひとつパラメータを設定してアニメーションさせるのは、単純な作業とはいえ労力がかかるので、パラメータ1つに動きをまとめられるようであれば、積極的にまとめることをオススメします。

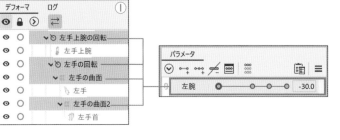

☑ **CHECK**

動きをまとめた場合のデメリット

動きに融通が利かないことがデメリットです。慣れないうちはアニメーション作成中に動きを直したくなり、モデリング作業に戻ることが多くなります。そのときに、動きをまとめてしまっていると、すべて修正しなければならず、とても手間です。このような手間をなくすためにも、表現したいことを明確にするよう意識しながら作業をしましょう。なお、映像出力だけを考えている場合は、「フォームアニメーション（p.242）」でモデリングに戻らずとも動きの調整ができます。

STEP03……背景の動きを作成する

背景も要素で細かく分かれています。キャラクターと同じようにメッシュを分割し、パラメータを設定して動かしていきます。

■1 雲を動かしていきます。新規に作成したパラメータ［雲］に［キーの2点追加］をし、雲が斜め上に動くように設定しました。

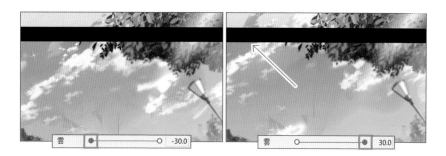

■2 画面の左右にある木を揺らします。左木と右木それぞれにワープデフォーマを作成し、それぞれパラメータ［左木］［右木］に［キーの3点追加］をします。ワープデフォーマを変形させて、揺れを表現しました。

STEP04……エフェクトの動きを作成する

フレアや木漏れ日などの画面効果としてのエフェクトはイラスト作成の段階で用意しましたが、せっかくなので動きのあるエフェクトも作成していきます。

■1 輝きのエフェクトに流れるような動きを作成します。新規に作成したパラメータ［エフェクト］に［キーの3点追加］をし、エフェクトが左右に流れるような動きを設定しました。

03 カットごとにアニメーションを作成する

シーンの中に 3 つのカットを用意したアニメーションにしました。ここでは、カメラワークやカットとカットの切り替えのコツを中心に解説していきます。

フォームアニメーション

「フォームアニメーション」は、モデリングで設定したパラメータとは関係なく、タイムライン上でモデルの動きを直接編集できる映像制作に便利な機能です。

使い方は、まず、モデルのトラックの［フォーム編集開始］ボタンをクリックします①。

「フォームアニメーションワークスペース」に切り替わり②、モデルのフォームアニメーションビューが開きます③。

タイムラインの任意のフレームを選択し、変形させたいアートメッシュやデフォーマといったオブジェクトを選択して右クリック④、［フォーム編集キーを追加］をクリックします⑤。タイムラインに追加された「フォーム編集」プロパティ以下にオブジェクトが追加され、選択したフレームにキーが追加されます⑥。

オブジェクトを直接変形させて動きを作ります⑦。モデルデータには影響を与えず、オブジェクトを自由に変形できます。

④ オブジェクトを選択して右クリック

オブジェクトを編集して、設定したパラメータとは関係のない動きを作成できる

☑CHECK

フォームアニメーションの使用制限

フォームアニメーションはターゲットバージョン［映像］専用の機能です。［映像］以外のときはトラックの［フォーム編集開始］ボタンに斜線が入っています。

📁 live2Dbook ⤳ day10 ⤳ lv10_1.can3

STEP01……アニメーションデータファイルを作成する

新規のアニメーションデータファイルを作成し、「02 モデリングをする（p.239）」でモデリングした背景つきイラストのモデルデータファイルを読み込みます。

1 新規のアニメーションファイルを作成します。［ファイル］メニュー→［新規作成］→［アニメーション］を選択します①。
［アニメーションのターゲットバージョン選択］ダイアログでターゲットバージョンを選択します。今回は、最終的に動画ファイルとして書き出すので［映像］を選択し②、［OK］ボタンをクリックしました③。

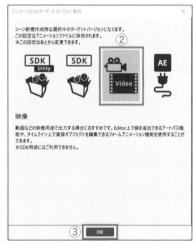

2 作成されたシーンの設定を変更します。シーンパレットで、作成された「Scene1」を選択し①、インスペクタパレットで［シーン名］を「アイスを食べる」に変更②、［縦横比を固定］のチェックを外し③、［サイズ（幅）］を「4015」、［サイズ（高さ）］を「2836」にしました④。

3 今回はトラックを複数作成し、それをカットとして分けたアニメーションにするため、モデルデータファイル（.cmo3）を3回タイムラインパレットにドラッグ＆ドロップして読み込みます。さらに、カットのつなぎで使う白1色の画像ファイルを2回読み込みます。

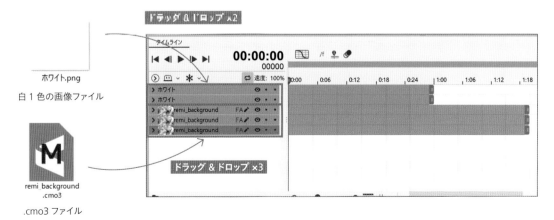

ホワイト.png
白1色の画像ファイル

remi_background.cmo3
.cmo3ファイル

今回は1つのシーンの中にトラックが複数あります。モデルデータファイルは3つ読み込んでトラックを作成しましたが、この1つひとつをシーンに含まれるカットとして扱います。

1 モデルデータファイルのトラック名を変更します。上から「カット1①」「カット2②」「カット3③」としました。シーンの中でこれらのトラックを切り替えて、3カットのアニメーションを作成していきます。「ホワイト④」のトラックは、カットのつなぎ目で使います。

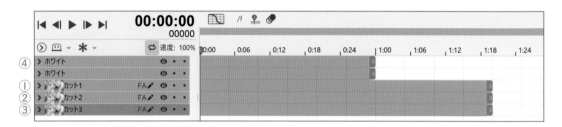

MEMO

カット

シーンの中に含まれる場面の切り替わりの単位を「カット」と呼びます。

☑ **CHECK**

トラック名を変更する

タイムラインのトラックを右クリック→［トラック名の編集］でトラック名を変更できます。

---

2 カットの切り替えを大まかに設定します。タイムラインの各トラックの ←→ をドラッグして、開始フレームを変更しました。また、ワークエリア（p.213）と［Duration（p.212）］の範囲を変えてアニメーション全体の時間も調整します。

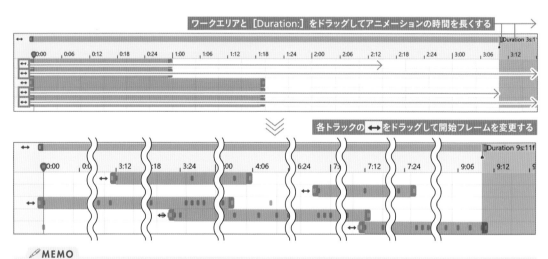

MEMO

アニメーションの長さ調整

今回、絵コンテの段階で細かい時間までは考えていませんでした。そのため、各トラックやアニメーション全体の長さは、動きを作成しながら都度調整していきます。
はじめからきっちりとアニメーションの時間が決まっている場合は、絵コンテの段階できちんと時間の想定をし、動きのタイミングを記したタイムシートを作成しましょう。

STEP03……カット1を作成する

カット1は「足元から髪に向かってのカメラワーク」です。「カット1」のトラックの、パラメータとカメラワークのキーフレームを作成して、アニメーションさせていきます。

1 「カット1」のトラックを開き①、各種パラメータを操作してキーフレームを作成していきます②。

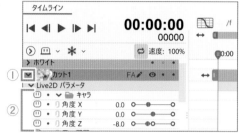

☑CHECK

編集しないトラックは非表示に

作業中以外のトラックは、非表示にしておきましょう。👁ボタンをクリックすることで非表示にできます。

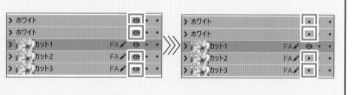

2 イラストのはじめの位置とサイズを設定します。タイムラインの0フレーム目でイラストの拡大、回転、移動を行います。「カット1」のトラックを選択すると表示されるバウンディングボックスで、イラストを操作します①。
イラストのサイズと位置を決めると②、タイムラインパレットの「配置＆不透明度」プロパティ以下にある［座標］［倍率X］［倍率Y］［回転（度）］の値が変更され③、0フレーム目にキーフレームが作成されます④。

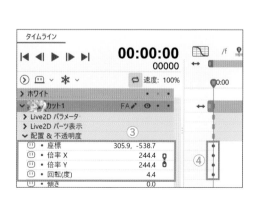

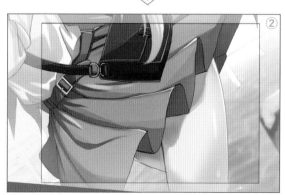

Day 10 背景つきイラストに命を吹き込む

3 カメラワークを作成していきます。はじめは腰のあたりが映っています①。

0フレームから31フレームにかけて、画面左に向かってカメラを移動します。

31フレームに［座標］のキーフレームが作成されます②。

4 31フレームから62フレームにかけて、画面右上にカメラを移動させます。胴のあたりが映っています①。

62フレームに［座標］のキーフレームが作成されます②。

5 62フレームから94フレームにかけて、少し加速しながら画面右上にカメラを移動させます。後ろ髪が映っています①。

94フレームに［座標］のキーフレームが作成されます②。

さらに、［倍率X］と［倍率Y］、［回転（度）］のキーフレームを作成しています③。

イラストを少し小さくし、［回転（度）］を0度にしました。これで、0フレームから94フレームにかけてゆっくりと奥行きのある動きが加わります④。

☑CHECK

カメラワークと同時にキャラクターを動かす

カメラワークと同時に、「Live2D パラメータ」プロパティ以下のパラメータのキーフレームを作成して、キャラクターの動きをつけています。体の動きや髪、スカート、バッグの揺れなどを設定しています。

STEP04……カット2を作成する

カット2は「顔をアップにしてアイスをなめるしぐさ」です。「カット2」のトラックを操作していきます。

1 カメラワークから解説します。「カット2」のトラックを開き、113フレームにイラスト開始位置のキーフレームを作成します。アップにした胴を映しています。

2 113フレームから141フレームにかけて、画面上に向かってカメラを移動します。顔をアップで映します。

3 216フレームに[座標][倍率X][倍率Y]のキーフレームを作成します。
113フレームから216フレームにかけて、ゆっくりとカメラがキャラクターに寄っていくようなカメラワークです。

4 アイスを食べた後に舌をぺろりとさせたいと思っていたのですが、モデリングで作成した動きでは少し制限がかかっていました。そこで、「フォームアニメーション」（p.242）で好みの動きに調整していきます。
「カット2」のトラックの[フォーム編集開始]ボタンをクリックします①。
ツールバーの[ワークスペース切り替え]が「フォームアニメーションワークスペース」に切り替わり（フォームアニメーション）②、「カット2」のフォームアニメーションビューが開きます③。

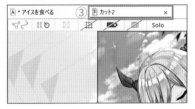

Day 10　背景つきイラストに命を吹き込む

5 タイムラインで 191 フレームを選択し、舌のアートメッシュを選択して右クリック①、[フォーム編集キーを追加]をクリックします②。「フォーム編集」プロパティ以下に「舌」のアートメッシュが追加され、選択しているフレームにフォーム編集キーが追加されます③。

舌のアートメッシュを選択して右クリック

6 「舌」の 194、204 フレームにも 5 と同じようにフォーム編集キーを追加し、キーを追加したフレームでアートメッシュを直接変形させて動きを作ります。
モデリング作業に戻ることなく、設定したパラメータとは異なる動きを作成できました。

191 フレーム

191 フレーム

194 フレーム

194 フレーム

204 フレーム

204 フレーム

フォームアニメーション未使用　　　　　　フォームアニメーションで変形

STEP05……カット 3 を作成する

「カメラを引いてイラスト全体をゆっくりと見せる」のがカット 3 です。「カット 3」のトラックを操作していきます。

1 「カット 3」のトラックを開き、222 フレームにイラスト開始位置のキーフレームを作成します。少し斜めに配置した引きのイラストです。

2 222 フレームから 278 フレームにかけて、ゆっくりとカメラを引いていきます。[回転（度）]も 0 度に戻し、キャラクターに決めのポーズをとらせます。

STEP06……カットとカットのつなぎを自然に見せる

カットとカットのつなぎ目は一気にカメラの位置が変わるため、不自然に見えてしまいます。そこで、画面を白く飛ばして、その間にカットが切り替わるようにしていきます。

1 STEP01 の**3**で読み込んだ白１色の画像ファイル（ホワイト .png）の不透明度を変え、一瞬だけ画面を白く飛ばします。トラック内の「配置＆不透明度」のプロパティを開き、[不透明度]のキーフレームを作成します。カット１からカット２への切り替わりに向かって数値を「0 ～ 100」にし、カットが切り替わったら「100 ～ 0」に戻します。

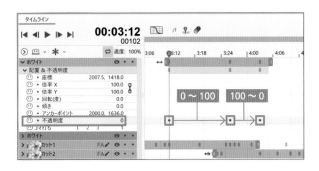

一瞬画面を真っ白に　　　　　　　　　　カットが切り替わる

2 カット２からカット３へのつなぎも、同じように設定します。

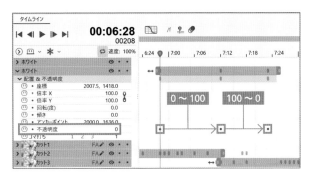

一瞬画面を真っ白に　　　　　　　　　　カットが切り替わる

✎ **MEMO**

さまざまなカットのつなぎ

カットのつなぎを自然に見せる方法はさまざまです。今回でいえば、レンズフレアや日差しを一気に強めて白く飛ばしたり、木の葉を画面に横切らせるなどの方法が考えられます。アニメや PV などを参考にぜひアレンジしてみてください。

✎ **MEMO**

エフェクトにこだわるなら

今回のエフェクトは、簡易的に Live2D Cubism Editor でできることで表現してみました。より本格的なエフェクトをつけるならば「Adobe After Effects」を使用するとよいでしょう。クオリティも効率も上がるのでオススメです。

04　動画ファイルを書き出す

作成したアニメーションを動画ファイルとして書き出します。

STEP ……MP4 形式で書き出す

Live2D Cubism Editor での動画の書き出しは、「MP4 形式（.mp4）」か「MOV 形式（.mov)」を選択できます。ここでは、「MP4 形式」で書き出します。

☑CHECK
画像書き出し
［画像 / 動画書き出し］では、GIF アニメや静止画での書き出しもできます。

1 ［ファイル］メニュー→［画像 / 動画書き出し］→［動画］を選択します。

2 ［動画出力設定］ダイアログが表示されるので、今回は次のように設定しました。
［幅］［高さ］がそのままではサイズが大きすぎたので、半分のサイズに①、
［動画フォーマット］MP4 にチェックを入れ、H264 + AAC を選択②、
ほかはデフォルト設定のまま、［OK］ボタンをクリックします③。

3 保存先のフォルダ①とファイル名②を決めて（ここでは、「アイスを食べる .mp4」としました）、［保存］ボタンをクリックします③。これで、動画ファイルが保存されました。

※書き出した動画ファイルは「live2Dbook → day10 →アイスを食べる .mp4」です。

フォームアニメーションで映像表現の幅を広げる

📁 live2Dbook → day10 → lv10_2.can3

フォームアニメーション（p.242）の登場により、Live2D Cubism Editor のアニメーション表現は自由度が大きく広がりました。一度使ってしまうと手放すことのできない、まさに革命を起こした機能といっても差し支えありません。ここでは、STEP04 の4～6とは別の便利な使用例を紹介します。

1 背景つきのイラストのアニメーションにボイスを入れたのですが、当初はボイスを入れる予定がなかったので、モデリングの時点での表情は最低限のものしか作成していませんでした。
フォームアニメーションの登場以前は、口パクや眉毛などの細かい動きをつけるために、モデリング作業に戻ってパラメータを設定し直す必要がありましたが、フォームアニメーションを使えばその必要はありません。

入れたボイス

2 ボイスに合わせた口パクを、フォームアニメーションで作成しています。発声に合わせて口の形を自由に変形しました。

3 眉毛も上下の動きしか設定していませんでしたが、フォームアニメーションで表現の幅を広げています。アイスを舐めた後「ん～♪」と言っているところで眉毛をハの字に変形させ、表情を豊かにしました。

☑ *CHECK*

ID 制御が必要となるアニメーションでは使えない

あくまでフォームアニメーションは、自分で描いたイラストを動かしたり、はじめから映像出力を前提としたアニメーションの作成で使える機能です。元のモデルデータのパラメータには影響を与えないため、パラメータ ID による動きの制御が必要となるゲームやアプリなどへの組み込みアニメーションでは使えない点には注意しましょう。

エフェクトでリッチな映像を作る

Live2D モデルは、Cubism AE プラグインを使用することで Adobe After Effects に、モデルデータ（.moc3）やモーションデータ（.motion3.json）を直接読み込むことができるようになります。Adobe After Effects 上で直接 Live2D モデルを表示したりモーションデータの編集もできるため、映像制作の効率や表現力が格段にアップします。

 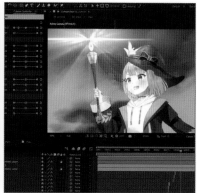

物理演算

事前に Cubism で設定した物理演算の設定を読み込むこと Adobe After Effects 上でも髪揺れなどの物理演算が再現できます。

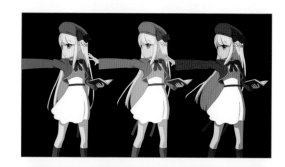

トラッキング機能

指定したアートメッシュにレイヤーを追従させる機能です。パーティクルなどのエフェクトとの相性も抜群です。

マスク機能

パーツ、アートメッシュをマスクとして抜き出します。特定の部位にエフェクトをかけやすくなり、さらに表現の幅を広げることができます。

画像提供：株式会社 Live2D

本書収録のモデルについて

本書には4種類のモデルデータが収録されています。完成データは「live2Dbook → Finish」フォルダに保存されています。

1 インターネット配信用モデル

Live2D Cubism Editor の基本的な制作手順に則った初心者向けモデル。配信に使用可能。

2 インターネット配信用モデル2

「インターネット配信用モデル」よりも、複雑な動きを再現できる配信用モデル。データも Live2D Cubism Editor の応用的な使い方を駆使し、トレンド（2023年10月現在）に近い作りになっている。

3 ポーズつきモデル＆アニメーション

さまざまなポーズができる立ち絵モデルとアニメーションファイル。配信用ではなく、イラストを動かすことに特化。

4 背景つきイラストモデル＆アニメーション

背景つきの一枚絵を動かすことに特化したモデルとアニメーションファイル。

INDEX（機能）

著者略歴

fumi（ふみ）

イラストレーター＆Live2Dデザイナー。
ゲーム会社にてLive2D使用ゲームの立ち上げ、アドバイザーやモデルの作成を行い、現在はフリーで活動。VTuberキャラクターモデル制作、VTuberキャラクターデザインや1枚イラストを担当する。
主な仕事に「バトルガールハイスクール」（コロプラ）Live2Dのメインデザイナー、「にじさんじ/葉山舞鈴」（いちから株式会社）キャラクターデザイン、制作したモデルに「ホロライブLive2D/湊あくあ/潤羽るしあ/赤井はあと/アルランディス」（カバー株式会社）、Live2Dモデル「服巻有香/御園結唯」（ブシロードクリエイティブ株式会社）、個人Live2Dモデル「富士フジノ/96猫（黯希ナツメ）」その他多数。

X（Twitter）
https://twitter.com/fumi_411

Webサイト
https://www.fumi-xyz.com/

pixivFANBOX
https://fumi.fanbox.cc/

YouTube
https://www.youtube.com/@fumidao/streams

カバー・本文デザイン……加藤愛子（オフィスキントン）
DTP…………………………広田正康
協力………………………株式会社Live2D
ボイス制作………………株式会社コトリボイス
編集協力…………………ひのほむら
文・編集…………………難波智裕（株式会社レミック）
編集………………………秋山絵美（技術評論社）

★お問い合わせについて

　本書に関するご質問は、FAXか書面でお願いいたします。電話での直接のお問い合わせにはお答えできません。あらかじめご了承ください。また、下記のWebサイトでも質問用フォームを用意しておりますので、ご利用ください。
　ご質問の際には以下を明記してください。
・書籍名
・該当ページ
・返信先（メールアドレス）
　ご質問の際に記載いただいた個人情報は質問の返答以外の目的には使用いたしません。
　お送りいただいたご質問には、できる限り迅速にお答えするよう努力しておりますが、お時間をいただくこともございます。なお、ご質問は本書に記載されている内容に関するもののみとさせていただきます。

★問い合わせ先
〒162-0846　東京都新宿区市谷左内町21-13
株式会社技術評論社　書籍編集部
『10日でマスター Live2Dモデルメイキング講座［増補改訂版］』係
FAX：03-3513-6181
Web：https://gihyo.jp/book/2023/978-4-297-13841-7

10日でマスター　Live2Dモデルメイキング講座［増補改訂版］

2019年12月31日　初版　　第1刷発行
2023年12月 7日　第2版　　第1刷発行
2024年 8月 3日　第2版　　第2刷発行

著　者　　fumi

発行人　　片岡巌

発行所　　株式会社技術評論社
　　　　　東京都新宿区市谷左内町21-13
　　　　　電話　03-3513-6150　販売促進部
　　　　　　　　03-3513-6185　書籍編集部

印刷／製本　株式会社加藤文明社